不长胖的碳酸饮料

［韩］金相佑 / 著　　张旭 / 译

U0260911

中原农民出版社
·郑州·

著作权合同登记号：豫著许可备字-2015-A-00000252

图书在版编目（CIP）数据

不长胖的碳酸饮料 /（韩）金相佑著；张旭译. —郑州：中原农民出版社，2016.5
ISBN 978-7-5542-0704-8

Ⅰ.①不… Ⅱ.①金…②张… Ⅲ.①碳酸饮料—食品加工 Ⅳ.①TS275.3

中国版本图书馆CIP数据核字（2016）第040332号

出版：中原出版传媒集团　中原农民出版社
地址：郑州市经五路66号
邮编：450002
电话：0371-65751257
印刷：河南省瑞光印务股份有限公司
成品尺寸：148mm×210mm
印张：6
字数：100千字
版次：2016年6月第1版
印次：2016年6月第1次印刷
定价：29.00元

嗞——

冒出来的清凉感充盈整个口腔!

前言

能让口腔感受到气泡的翻滚，能让干渴的喉咙体味到清爽的快感，这就是富有魅力的碳酸饮料！

近些年，市场对于碳酸饮料的需求量，持续占据第一，因此越来越多的碳酸饮料逐渐进入市场。同时，碳酸饮料市场与原来相比也有了很大的成长和发展，例如使用苏打水生产出来的饮料渐渐进入我们的生活，并与我们的生活联系越来越密切。我们在饮用市面上销售的碳酸饮料时，是不知道其内在成分的。利用碳酸水调制出来的碳酸饮料虽然很新潮，但是我们似乎已习惯于购买在市面上销售的、添加人工香料的碳酸饮料，以及味道浓厚的果露或原果汁。可以说添加人工添加剂已经成为碳酸饮料制作产业的"潜规则"。

对于我来说，喝碳酸饮料就像每天吃饭一样，已经变得必不可少。对碳酸饮料渐渐上瘾的我，已经深深地迷上了喝碳酸饮料时的那种爽快感。但是如果在短时间内饮用 2～3 种碳酸饮料，其味道就会变得有点怪。我们虽然可以购买添加了人工香料的果露回家自己调制碳酸饮料，但是也会因为不知道里面到底添加了什么而感到不安。鉴于此，我们也就自然而然地疏远了添加人工香料的碳酸饮料。

我对人工添加剂的味道很是反感，所以产生了要自己制作果露的想法。在这个想法的驱使下，纯手工制作而成的果露就诞生了！

刚开始，我只是按照自己的想法来调配碳酸饮料，曾经调制出香气和味道都不太明显的果露；也曾因为不了解材料的属性，配制出的果露与想象中的相差甚远。经过无数次的失败后，我从失败中总结经验，逐渐领会到熬煮过程中时间与火候的重要性，也知道了不同的食材原料调制出的果露味道也不尽相同。在此基础上，将自己制作出的果露和碳酸水混合过程中遇到的问题加以解决，总结出了一些色香味俱全的碳酸饮料配方。

对于自己调制的健康放心饮料，我们对其香气和味道有着充分的认知。与一般的碳酸饮料相比，自制碳酸饮料糖分含量少，不会给身体带来负担，可放心饮用。我们可以尽情享受碳酸饮料带来的乐趣。与此同时，我们自己制作的果露除了可以用来制作碳酸饮料以外，还可以用来调制餐后饮用的鸡尾酒，优点无处不在。

使用廉价的材料，却要求调制出与用优质材料相同味道的饮料，这个要求就有些过分了。就像为了做出新鲜美味食物甜点，就要使用上好的材料并真心付出是一样的，制作饮料也应如此。

我希望通过这本书给予广大碳酸饮料爱好者们一些帮助，一起制作出有碳酸感、味道好、富有清凉感的极品碳酸饮料。在这里我借此书，鼓励那些为了做出美味碳酸饮料而不断努力着的人们！

2014 年 5 月

金相佑

目录

用天然果露调制碳酸饮料

♥款式多样

- 这是韩国最早使用家制果露制作碳酸饮料的配方。
- 在家里制作的碳酸饮料,需要多种多样的果露配方。
- 所以本书将介绍以水果为主,包括香草、茉莉花、香荚兰等四十一种独特的果露制作方法。
- 你难道对用四十一种果露制作出的碳酸饮料不感兴趣吗?

♥放心畅饮,值得信赖

- 不必再对市场销售的含有大量添加剂和糖分的碳酸饮料感到担心。
- 与市场销售的碳酸饮料相比,不同之处在于,你可以品尝到以新鲜水果制成的健康饮料的清爽口感。
- 家里烤制面包的含糖量都比健康放心碳酸饮料的含糖量要高很多,这一点要了解哦。

♥口味自调,灵活多变

- 与咖啡厅和餐厅制作碳酸饮料的配方相比,本书准备了更加多种多样的碳酸饮料配方。
- 孩子们更喜欢安全卫生、新鲜可口的碳酸饮料。
- 只有使用凉水制作,才能喝到更清凉更冰爽的碳酸饮料。
- 冻得结结实实的冰块,透明、干净、澄澈,可以长时间保持碳酸不散发,碳酸饮料的口感更加持久清爽。
- 本书中配方里介绍的原材料的比例,你也可以根据个人口味的喜好自行调制。

♥碳酸感的强度和甜味

- 虽然人们已经习惯了市面上的碳酸饮料的口味,但是很多时候还是想喝碳酸感更强的碳酸饮料。所以,从本书的第二部分开始,气泡水机就要闪亮登场啦。使用气泡水机,可以制作出碳酸感更强烈、更理想的碳酸饮料。当然,若不购买气泡水机,按照本书第一部分的介绍,用市售的碳酸水(椒井、特莱维等品牌)制作出的碳酸饮料的口感也不错。

- 根据浓度的不同，果露有时会与碳酸水完全融合，有时则不会，所以本书的正文如下：

说　明	理　由	
先放果露，再放碳酸水	因为果露的密度大，碳酸水的密度小，为了使它完全融合，应先放果露，再放碳酸水	因为果露的密度大，虽然用勺子可以在底部搅拌均匀，但是碳酸会有少量散发
先放碳酸水，再放果露	为了让果露的密度适中，应先放碳酸水，后放果露	因为果露密度大，放入碳酸水后再放果露，不用怎么搅拌，就可以混合均匀，更能保留碳酸感持久

- 虽然不能像市售碳酸饮料那样甜，但是喝上几次自己制作的碳酸饮料，你就会感觉市售碳酸饮料甜得腻口，而且喝后也会感觉其实并不可口。无论是蛋糕、比萨还是肉类，跟碳酸饮料都很配哦。

♥ 果露的特征
- 制作出的绝不是人工色素和人工香料的味道，而是最原始的、食材本身独特的味道。
- 制作出的果露密度不高，所以能够充分与碳酸水融合。
- 不仅可以在短时间内调制完成，而且糖量和材料的分配比例可以根据自己的喜好制作。
- 如果果露的量是 300~500ml，那么平均用 500ml 左右的密封玻璃容器盛装即可。

♥制作果露的注意事项

– 果肉、鲜叶子、茶类等经过长时间熬煮的话，原有的香气会渐渐消失，味道略苦，我们想要的味道也有可能散发不出来。所以每次制作之前，请认真阅读本文。

– 小的颗粒状果肉或者草本茶等要多次使用咖啡滤纸。如果讨厌过滤纸特有的味道或者想要最大程度过滤果汁的话，可使用棉布或者烹饪用过滤纸。

– 请参照本文调节火候。

– 制作水果碳酸饮料时，只要按照配方的指示进行就可以。但是根据材料的原产地、状态以及含糖量的不同，所制作出来的成品也会有所不同，所以在制作的时候应该考虑到这一点。

– 做好的果露要放入冰箱冷藏保存，在一周内饮用，口味最佳。

– 冷藏水果和新鲜水果口感有一定差异，但是，如果购买新鲜水果比较困难的话，可以用冷藏水果代替，一定要注意量的使用。其制成的饮品味道与新鲜水果有所不同。

原料及工具

白砂糖

从甘蔗中得到的原糖去除杂质溶化后，成为液态，经过数次的精制和过滤后，最先制作出来的就是白砂糖。继续加热就可以得到黄砂糖。黑砂糖是在干燥的黄砂糖中加入了糖蜜成分或焦糖糖浆。这三种糖从营养学的角度来看并无明显差别，大量使用白砂糖的理由是因为白砂糖纯净的甜味和无瑕的雪白，更适于配制果露。

红砂糖

砂糖生产工艺中，经过数次精制过滤制出白砂糖后，继续加热时，砂糖呈现褐色（黄色），这就是红砂糖。为了节约生产成本，也可以在白砂糖中加入糖蜜，制出比白砂糖更具风味的砂糖。主要用于饼干、面包、咖啡的制作，并不常用于果露的制作。

金砂糖

是用产于毛里求斯群岛无污染地区的甘蔗制成。它是不经过精制，不使用化学工艺，但富含营养素的黄砂糖。与非精制黑砂糖相比，所含甘蔗的固有味道更少，更适合于用来配制果露。

玻璃瓶

指的是适合盛装调制好的果露的玻璃瓶，最好选用密封良好的。波米欧利公司所生产的玻璃瓶就很有代表性。所有的瓶子都应消毒清洗后使用，并保持卫生清洁。

咖啡滤杯
虽然是冲泡咖啡的工具，但是在过滤果露及冲泡茶叶时，也经常用到。

量杯
指的是做料理时，为了精确测量液体容量所使用的带有刻度的杯子。为了精确地测量水量，在调制果露的时候也会用到。

过滤纸
也叫作滤纸，用来去除液体或溶液中的沉淀物和杂质，一般来说，有过滤中药和汤水所使用的滤纸，也有过滤咖啡和茶水时所使用的滤纸等几个种类。

棉布
有烹饪料理和制作饼干、制作面包、制作年糕时所使用的棉、麻布等材质。也用于家制意大利乳酪和白干酪。

滤网
是指常用于过滤固体杂质和沉淀物的网兜，常在做食品和做汤时，以及泡茶喝茶的时候使用。也常在调制鸡尾酒和果露时使用。

碳酸水

近来，人们对碳酸水的需求呈现上升趋势。一般在超市和百货商场都能
买到。本书第一部分将介绍使用市售的碳酸水制作出碳酸饮料的方法，
让你轻而易举地制作出蓝莓、柠檬、菠萝等口味的碳酸饮料。

气泡水机

气泡水机是装有气弹瓶的机器，气弹瓶内装有碳酸气体，把水瓶安放到气泡水机上之后，可以轻易地制作出碳酸水。与市售的碳酸水碳酸强度相比，气泡水机可以制作出强度更高的碳酸水，所以也可以称为制作超强劲碳酸水的制水机。本书从第二部分开始到第五部分为止，介绍了使用气泡水机来制作碳酸饮料的秘诀。当然，不购买气泡水机，也可以按照本书第一部分介绍的方法，用市场上可以购买到的碳酸水来制作碳酸饮料。

使用气泡水机制作超强劲碳酸水

所有的气泡水机都是大同小异，很容易就可以制作出碳酸水，下页图中是韩国销量超高的劳恩斯牌气泡水机。

1. 在气泡水机自带的水瓶里倒入凉水。（碳酸水一定要用凉水制作，才会有令人舒爽的清凉感和碳酸感）
2. 把凉水瓶安装到气泡水机上。
3. 用力按下气泡水机上面的按钮。厂家的说明书上虽然写着要按3~4次，但是想做出强力的碳酸水，请再用力多按2~3次。
4. 每次按压的时候都可以听到碳酸气"嘶嘶"进入凉水瓶里的声音。伴随着这声音，我们将制出超强劲碳酸水。

在吃蛋糕、比萨和肉类的时候，当然少不了碳酸水。在家里制作的碳酸水不再添加其他果露也可以直接饮用。现在，我们不用像从前一样为购买到明碳酸水的质量担心了。本书中出现的，是以自制的水果果露、茶露以及香草露调制而成的特殊碳酸饮料，是集"碳酸感、清凉感和美味"于一身的优秀碳酸饮料，可以依据自身喜好，灵活配制。另外，现在为了皮肤美容而使用碳酸水洗脸的爱美人士也在渐渐增多。

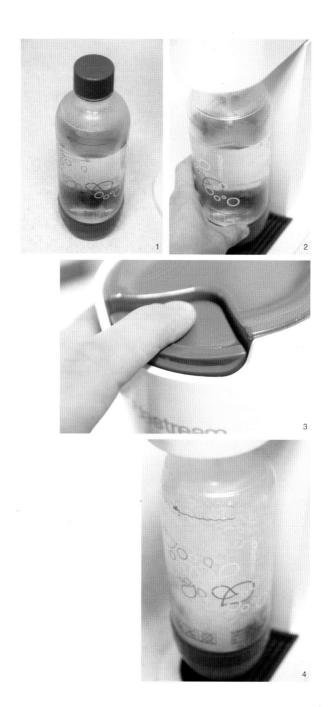

PART

1

自制人生中第一杯
碳酸饮料

 椒井蓝莓碳酸饮料
韩国出产的椒井碳酸水被称作三大矿泉水之一，其碳酸
清凉之感与酸酸甜甜的蓝莓味道实现完美结合。

椒井碳酸水

说明与特征	椒井碳酸水是用韩国忠清北道椒井里的纯天然矿泉水制成，与美国的 Syaseuteo、英国的 Napolinaseuwa 一起被世界矿泉学会称为世界三大矿泉水。使用这种碳酸水可以制作出多种碳酸饮料。据记载，这种碳酸水治愈了世宗大王的眼疾
制造商	（株）一和
味道	口中沸腾翻滚的气泡令人顿觉清爽，碳酸感倍佳，同时带有微辣的口感，清凉感十足
碳酸感	★★★★

*参考椒井碳酸水（一和）

材料

蓝莓 200g，水 400ml，砂糖 150g，容量为 500ml 的密封玻璃瓶

调制蓝莓果露

1. 首先向锅中倒入 400ml 的水。

2. 待水沸腾后调至中火，将 200g 蓝莓放入锅中。

3. 用勺子捣碎蓝莓，用中小火慢慢熬煮 15~20 分钟。

4. 将咖啡滤杯放置在量杯的上方。

5. 将煮熟的果肉过滤，沥出汤汁。

6. 向量杯中放入砂糖，完全溶化后，冷却。

7. 最后将其倒入准备好的消毒密封玻璃瓶中，蓝莓果露制作完成。

小贴士

－火候的调节至关重要。

－没有生鲜蓝莓的话，可用冷藏蓝莓代替，口感也是极好的。

－在没有咖啡滤杯的情况下，可以用棉布或者烹饪过滤纸代替。

材料

蓝莓果露 40ml，椒井碳酸水 160ml

调制椒井蓝莓碳酸饮料

1. 在杯子里加满冰块。
2. 放入 40ml 果露，160ml 椒井碳酸水。
3. 轻轻地搅拌，使果露与碳酸水充分融合，大功告成。

小贴士

— 如果想降低碳酸度，你可以从较高的位置将碳酸水倒入杯中，或用勺子轻轻搅拌。

— 如果想使饮料的味道更加爽口，可以加入青柠汁。

— 根据个人口味，可以调节果露和碳酸水的比例。

 特莱维柠檬碳酸饮料
特莱维的清凉感与爽口的柠檬果露巧妙地结合在一起。
若在特莱维里添加一些柠檬汁，一定可以做出比在咖啡
屋喝到的味道更好的柠檬汽水。

特莱维

说明与特征	它被誉为"韩国的巴黎水",是在精制纯水中人工添加碳酸制作而成的碳酸水。特莱维是引用罗马特莱维许愿池的名字。它与其他进口碳酸水相比,价格相对低一些,而且碳酸水中还有青柠、柠檬的味道
制造商	乐天七星饮料
味道	气泡充盈着整个口腔,口感清爽,略带苦味
碳酸感	★ ★ ★ ★

*参考特莱维(乐天七星饮料)

材料

柠檬瓤 2 个（去掉白色的部分），水 500ml，砂糖 150g，容量为 500ml 的密封玻璃瓶

调制柠檬果露

1. 首先向锅中倒入 500ml 的水，待水煮沸后，取适量切好的柠檬放入锅中。
2. 待水煮沸后调至中火。
3. 用中小火慢慢熬煮 20 分钟左右。
4. 将咖啡滤杯放置在量杯的上方。
5. 将煮熟的果肉过滤，沥出汤汁。
6. 向量杯中放入砂糖，完全溶化后，冷却。
7. 最后将其倒入准备好的消毒密封玻璃瓶中，柠檬果露制作完成。

小贴士

— 用柠檬汁代替柠檬瓤，调制出来的味道会更加纯正。

— 如果煮的时间过长的话，颜色会变得浑浊，味道也不好，一定要注意这一点。

— 在煮之前，要最大程度地除去残留的果肉和籽，这样颜色就不会浑浊。

材料
柠檬果露 40ml，特莱维碳酸水 160ml

装饰
心形柠檬皮

调制特莱维柠檬碳酸饮料
1. 在杯子里加满冰块。
2. 先倒入 160ml 碳酸水，再倒入 40ml 果露。
3. 把柠檬皮剪成心形，放入杯中作为装饰，大功告成。

小贴士
– 如果想降低碳酸度，你可以从较高的位置将碳酸水倒入杯中，或用勺
　子轻轻搅拌。
– 根据个人口味，适当地调配果露和碳酸水的比例。

巴黎水青柠碳酸饮料

含有微量碳酸的巴黎水清爽感十足，和酸酸的青柠果露
相遇，温和爽口，带来不一样的味觉体验。

巴黎水

说明与特征	内科医生路易·巴里亚萌发了把巴黎水装在瓶子里出售的想法，他在 1898 年取得了位于法国南部 Vergeze 镇的矿泉所有权，创立了巴黎水这个品牌，巴黎水的历史由此开始。巴黎水在世界碳酸饮料市场上销量第一，其绿色瓶身的设计灵感来自于一家印第安健身俱乐部。目前生产有 Eau de Perrier、生姜樱桃、青柠里奇、木莓、生姜柠檬、柠檬、青柠、纯净水等饮用品，韩国出售的有柠檬饮料、酸橙饮料、纯净水等产品
制造商	雀巢（总公司在法国 Vergeze）
味道	短暂的清凉爽口之感却让你回味无穷
碳酸感	★★★★

＊参考月刊《设计》，斗山百科

配方

材料

青柠（中）2 个，水 500ml，砂糖 150g，容量为 500ml 的密封玻璃瓶

调制青柠果露

1. 去掉青柠的果皮，用手掰成几瓣放好。

2. 首先向锅中倒入 500ml 的水，待水煮沸后调至中火，将掰好的青柠果肉放入锅中。

3. 用中小火慢慢熬煮 15~20 分钟。

4. 将咖啡滤杯放置在量杯的上方。

5. 将煮熟的果肉过滤，沥出汤汁。

6. 向量杯中放入砂糖，完全溶化后，冷却。

7. 最后将其倒入准备好的消毒密封玻璃瓶中，青柠果露制作完成。

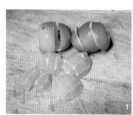

小贴士

– 尽量去除青柠果肉或者青柠皮上的白色部分，以减轻青柠苦涩的味道。

– 请注意，如果熬煮的时间过长，味道会略带苦涩。

– 依据个人口味，为了减轻青柠特有的清爽味道，可以往调制出的果露里加入少许的青柠皮。

– 冷藏青柠比新鲜青柠的味道更苦涩一些，使用冷藏青柠的时候要注意用量。

 **配方**

材料

青柠果露 40ml，巴黎水 160ml

装饰

青柠片

调制巴黎水青柠碳酸饮料

1. 在杯中放入适量冰块。

2. 先在杯中倒入 40ml 果露，再倒入 160ml 巴黎水。

3. 轻轻地搅拌一下，使果露均匀混合。将青柠片放入杯中装饰后，巴黎水青柠碳酸饮料制作完成。

小贴士

– 如果想降低碳酸度，可以从较高的位置将碳酸水倒入杯中，或是用勺子轻轻搅拌。

– 如果想使青柠的味道更加爽口，可以加入青柠汁或者用手挤压 1 个青柠，将其汁液滴入杯中。

– 根据个人口味，适当地调配果露和碳酸水的比例。

圣培露树莓碳酸饮料
圣培露碳酸水中的碳酸强度虽然属于比较弱的一种，但是醇正的碳酸与树莓的味道搭配后口味极佳。

圣培露碳酸水

说明与特征	采自意大利阿尔卑斯山脉圣培露地区地下 700m 的矿泉水，可以说是米其林餐厅和美食家们最喜爱的碳酸水。含有非常丰富的矿物质，碳酸强度较弱，零负担可放心饮用。有普莱因、阿兰西亚塔、阿兰西亚塔·露莎三个种类
制造商	圣培露（意大利）
味道	属于小气泡、口感柔和的碳酸水，余味纯正，略微发咸
碳酸感	★★

*参考61各地水源手册

材料

树莓 180g，水 400ml，砂糖 170g，容量为 500ml 的密封玻璃瓶

调制树莓果露

1. 首先向锅中倒入 400ml 的水。

2. 待水煮沸后调至中火，将 180g 树莓放入锅中。

3. 用中小火慢慢熬煮 15~20 分钟。

4. 将咖啡滤杯放置在量杯的上方。

5. 将煮熟的果肉过滤，沥出汤汁。

6. 向量杯中放入砂糖，完全溶化后，冷却。

7. 最后将其倒入准备好的消毒密封玻璃瓶中，树莓果露制作完成。

小贴士

- 火候的调节至关重要。

- 若没有鲜树莓，使用冷藏树莓也是一个不错的选择。

- 想要更鲜艳的颜色和更爽口的味道，只需要再多加入一些树莓即可。

- 在果露中加入高度数的酒类，如伏特加酒、朗姆酒等，可以延长果露
  的保鲜时间。

- 如果使用咖啡滤杯没有达到理想的效果，可以使用棉布包裹，用力拧
  紧榨取汁液。

- 在没有咖啡滤杯的情况下，可以使用过滤纸，效果也不错。

材料

树莓果露 40ml，圣培露碳酸水 160ml

调制圣培露树莓碳酸饮料

1. 在杯子里加满冰块。

2. 加入 40ml 树莓果露，加入 160ml 圣培露碳酸水。

3. 轻轻搅拌，使果露与碳酸水均匀混合，放入 4~5 颗树莓，圣培露树莓
   碳酸饮料制作完成。

小贴士

- 因为碳酸的强度较弱，应注意过多的搅拌会使碳酸散发。
- 也可以只加入树莓果露，不加入鲜树莓。
- 根据个人口味，适当地调配果露和碳酸水的比例。

Gerolsteiner 菠萝碳酸饮料

纯净清爽的 Gerolsteiner 碳酸水与清爽的碳酸混合，再配
上菠萝的香甜，天作之合，口感无与伦比。

Gerolsteiner

说明与特征	Gerolsteiner 是原产于德国西部火山地区的天然碳酸水，在碳酸水市场中位居第 3 位。钙和镁的含量非常高，1 L 水中钙和镁的含量是普通成人一天所需量的 1/3。而且碳酸水中重碳酸盐的含量也非常高，对于消化不良、孕妇孕吐等症状都非常有效
制造商	Gerolsteiner（德国）
味道	气泡在口中萦绕，甘甜清爽，令人回味无穷
碳酸感	★ ★ ★

*参考Gerolsteiner，61种矿泉水

配方

材料

菠萝果肉 500g，水 500ml，砂糖 150g，容量为 500ml 的密封玻璃瓶

调制菠萝果露

1. 首先向锅中倒入 500ml 的水。

2. 待水煮沸后调至中火，将剥好的菠萝果肉放入锅中。

3. 用中小火慢慢熬煮 20~25 分钟，同时用勺子将菠萝肉捣碎。

4. 将咖啡滤杯放置在量杯的上方。

5. 将煮熟的果肉过滤，沥出汤汁。

6. 向量杯中放入砂糖，完全溶化后，冷却。

7. 最后将其倒入准备好的消毒密封玻璃瓶中，菠萝果露制作完成。

小贴士

— 如果将菠萝的茎、果皮放入锅中一起煮的话，果露味道会更加浓纯。

— 由于菠萝蒸煮时会流失部分糖分，所以果露中要多放一些砂糖。

— 如果想要快速地获取菠萝汁，可以在蒸煮之前先将菠萝捣碎。

— 如果想要让菠萝的味道更浓厚，可以用棉布包裹，用力拧紧榨取菠萝汁。

材料

菠萝果露 40ml，Gerolsteiner 160ml

装饰

菠萝切片 1 片，菠萝叶子 1 片

调制 Gerolsteiner 菠萝碳酸饮料

1. 将杯中装满冰块。

2. 倒入 40ml 菠萝果露，再倒入 160ml Gerolsteiner。

3. 轻轻搅拌，使果露与碳酸水均匀混合，再放入菠萝切片和菠萝叶子装饰，制作完成。

小贴士

– 因为碳酸的强度较弱，应注意过多的搅拌会使碳酸散发。

– 根据个人口味，适当地调配果露和碳酸水的比例。

玛多尼甜橙碳酸饮料

虽不是强烈刺激的碳酸饮料，但当你喝过之后，舌尖余留的清凉韵味混合橙子的酸甜，清爽的感觉令人难以忘怀。

玛多尼

说明与特征	原产于世界第 3 大温泉所在地——捷克卡罗维发利，使用温泉水制作而成的碳酸水。据说卡罗维发利的原意是神圣罗马帝国国王查理四世的温泉。相传查理四世在树林中打猎时，一只受伤的小鹿跑入温泉，被涌出的泉水治愈，于是查理四世就下令开发此处温泉
制造商	KMV（捷克）
味道	味道清淡，有着碳酸的韵味，清凉感持久
碳酸感	★★★

* 参考玛多尼

材料

橙子（大）2 个，水 550ml，砂糖 150g，容量为 500ml 的密封玻璃瓶

调制甜橙果露

1. 首先向锅中倒入 550ml 的水。
2. 待水煮沸后调至中火，将掰好的橙皮和果肉放入锅中。
3. 用中小火慢慢熬煮 20~25 分钟。
4. 将咖啡滤杯放置在量杯的上方。
5. 将煮熟的果肉过滤，沥出汤汁。
6. 向量杯中放入砂糖，完全溶化后，冷却。
7. 最后将其倒入准备好的消毒密封玻璃瓶中，甜橙果露制作完成。

小贴士

—尽量去除橙子果肉或者橙皮上的白色部分，以减轻橙子苦涩的味道。

—将橙子果肉和橙皮一起放入锅中蒸煮，味道更加纯正。

—如果想要让甜橙的味道更浓厚，可以使用棉布包裹，用力拧紧榨取甜橙汁。

材料

甜橙果露 40ml，玛多尼碳酸水 160ml

装饰

圆形橙子切片

调制玛多尼甜橙碳酸饮料

1. 在杯子里装满冰块。
2. 放入 40ml 橙子果露，160ml 玛多尼碳酸水。
3. 轻轻地搅拌，使果露与碳酸水充分地融合。将圆形橙子切片放入杯中装饰，大功告成。

小贴士

— 小孩子可能不喜欢果露的苦涩味道，添加一点橙子汁，味道会变得香甜。
— 应注意过多的搅拌会使碳酸挥发。
— 根据个人口味，适当地调配果露和碳酸水的比例。

PART

2

用水果果露
调制碳酸饮料

樱桃碳酸饮料

这是一款可以品味樱桃独特香甜味道的碳酸饮料。

配方

材料

樱桃 400g，水 400ml，砂糖 150g，容量为 500ml 的密封玻璃瓶

调制樱桃果露

1. 首先向锅中倒入 400ml 的水。

2. 待水煮沸后，调至中火，将洗净切好的去核樱桃放入锅中。

3. 用中小火慢慢熬煮 15~20 分钟。

4. 将咖啡滤杯放置在量杯的上方。

5. 将煮熟的果肉过滤，沥出汤汁。

6. 向量杯中放入砂糖，完全溶化后，冷却。

7. 最后将其倒入准备好的消毒密封玻璃瓶中，樱桃果露制作完成。

小贴士

- 火候的调节至关重要。

- 如果煮的时间过长，樱桃的独特香味就会流失，只剩下果肉的香气。故蒸煮时要随时观察。

- 要把樱桃核去掉，只留果肉，这样口味更加醇正。

- 使用熟透的樱桃蒸煮，口味更加香甜。

- 如果使用咖啡滤杯没有达到理想的过滤效果，可以使用棉布包裹，用力拧紧榨取汁液。

- 如果没有咖啡滤杯，可以使用过滤纸，效果也不错。

材料

樱桃果露 40ml，碳酸水 160ml（制作方法参考本书第 16 页，或者使用市售的碳酸水）

装饰

樱桃 3 颗，鸡尾酒签 1 个

调制樱桃碳酸饮料

1. 在杯子里装满冰块。
2. 先倒入 160ml 碳酸水，再倒入 40ml 果露。
3. 最后用鸡尾酒签插上 3 颗樱桃放入杯中作为装饰后，樱桃碳酸饮料制作完成。

小贴士

– 可以根据个人口味，适当地调配碳酸水和果露的比例。

– 蒸煮时将樱桃的果肉捣碎，樱桃的味道会更加浓纯。

– 在樱桃果露中加入伏特加酒、朗姆酒等烈性酒调配出的鸡尾酒更有品味。

樱桃马提尼酒

材料：伏特加 40ml，樱桃果露 20ml，青柠汁 15ml，樱桃 4 颗

1. 在调酒杯中放入樱桃、青柠汁、樱桃果露，用搅拌棒压碎搅拌。
2. 将伏特加倒入杯中，放满冰块，握紧调酒杯摇晃使之均匀混合。
3. 用过滤器过滤汁液，将捣碎的果肉放到事先准备好的杯子中。
4. 最后用鸡尾酒签插上樱桃放入杯中作为装饰，樱桃马提尼酒制作完成。

蓝莓碳酸饮料

碳酸水的清凉感和蓝莓的香味实现完美搭配，绝对是一款
可口的碳酸饮料！

材料

蓝莓 200g，水 400ml，砂糖 150g，容量为 500ml 的密封玻璃瓶

调制蓝莓果露

蓝莓果露的调制方法详见本书第 22 页。

材料

蓝莓果露 40ml，碳酸水 160ml（制作方法参考本书第 16 页，或者使用市售的碳酸水）

装饰

晒干的柠檬切片 1 片，蓝莓 3~4 粒，迷迭香 1 枝

调制蓝莓碳酸饮料

1. 在杯子里装满冰块。
2. 先倒入 160ml 碳酸水，再倒入 40ml 果露。
3. 将柠檬切片、蓝莓、迷迭香放入杯口装饰，蓝莓碳酸饮料制作完成。

小贴士

－ 可以根据个人口味，适当地调配碳酸水和果露的比例。
－ 将蓝莓果肉捣碎放入蓝莓碳酸饮料中，蓝莓的香味会更加浓厚。

蓝莓华夫饼

材料：蓝莓 15~20 粒，蓝莓果露 20ml，柠檬果露 10ml，比利时列日华夫饼 1 个

1. 将蓝莓和果露放入牛奶锅，用大火熬煮 5 分钟。
2. 将锅中的蓝莓放到比利时列日华夫饼上，浇上果露，蓝莓华夫饼制作完成。

蓝莓冰棒

材料：白朗姆酒 30ml，蓝莓果露 50ml、柠檬果露 30ml、冰块 9 块。

1. 将所有材料放到搅拌器或者食品料理机中进行搅拌。

2. 将 2~3 粒蓝莓放入冰棒机中，然后将第 1 步中的搅拌物取一半倒入冰棒机中，最后再放入 2~3 粒蓝莓。

3. 用搅拌棒搅拌之后，放入冰箱，半天后取出来，蓝莓冰棒制作完成。

树莓碳酸饮料

与蓝莓不同，树莓具有更佳的爽口感，与碳酸水、果昔、鸡尾酒都是天作之合！与碳酸水一起调配口感甜美。

라즈베리

材料

树莓 180g，水 400ml，砂糖 170g，容量为 500ml 的密封玻璃瓶

调制树莓果露

树莓果露的具体调制方法详见本书第 34 页。

材料

树莓果露 40ml，碳酸水 160ml（制作方法参考本书第 16 页，或者使用市售的碳酸水）

装饰

柠檬切片或青柠切片 1 片，树莓 3 颗，薄荷叶 1 片

调制蓝莓碳酸饮料

1. 在杯子中加满冰块。
2. 先加入 160ml 碳酸水，再加入 40ml 树莓果露。
3. 用柠檬切片、树莓和薄荷叶进行装饰，树莓碳酸饮料制作完成。

小贴士

– 根据个人口味，适当地调配果露和碳酸水的比例。

– 在树莓碳酸饮料中，加入树莓果肉，树莓的味道会更加浓厚。

– 在柠檬糖浆中加入伏特加酒、朗姆酒等烈性酒，即可调配成一杯鸡尾酒。

意式莓果苏打饮料

材料：蓝莓果露 15ml，蔓越莓果露 15ml，碳酸水 90ml，鲜奶油或全脂奶油，适量的香荚兰果露

1. 在杯子中装满冰块，放入蓝莓果露和蔓越莓果露。
2. 加入碳酸水后轻轻晃动杯子。
3. 加入香荚兰果露后，将鲜奶油或全脂奶油呈螺旋状放入杯中。
4. 使用蓝莓、蔓越莓及薄荷叶进行装饰，意式莓果苏打饮料完成。

草莓碳酸饮料
100% 纯草莓制作的碳酸饮料，饱含草莓的爽口和香甜！难道你不想知道酸甜可口的草莓碳酸饮料的制作方法吗？

材料

草莓 400g，水 400ml，砂糖 200g，容量为 500ml 的密封玻璃瓶

调制草莓果露

1. 首先向锅中倒入 400ml 的水。

2. 待水煮沸后调至中火，将清洗干净去蒂的草莓放入锅中。

3. 用中小火慢慢熬煮 20~25 分钟。

4. 将咖啡滤杯放置在量杯的上方。

5. 将煮熟的果肉过滤，沥出汤汁。

6. 向量杯中放入砂糖，完全溶化后，冷却。

7. 最后将其倒入准备好的消毒密封玻璃瓶中，草莓果露制作完成。

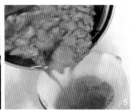

小贴士

- 如果使用冷藏草莓的话，适量增加砂糖的使用量。

- 如果想让饮料更加爽口，请在水烧开的时候加入 1~2 片柠檬，味道更加清香。

- 冷藏草莓没有新鲜草莓可口，味道也不香甜。在使用时调整用量，以免影响露味道。

- 如果希望草莓的味道更加浓醇，可以使用纱布拧挤草莓，将果汁滴入瓶中。

材料

草莓果露 40ml，碳酸水 160ml（制作方法参考本书第 16 页，或者使用市售的碳酸水）

装饰

柠檬片或酸橙片 1 片，草莓 1 个

调制草莓碳酸饮料

1. 在杯子里装满冰块。

2. 先倒入 160ml 碳酸水，再倒入 40ml 果露。

3. 把柠檬片和草莓放入杯中作为装饰，草莓碳酸饮料制作完成。

草莓果昔

材料：草莓果露 40ml，牛奶 90ml，草莓 5 个，冰块 7 块

1. 将所有材料放到搅拌器或者食品料理机中进行打磨。

2. 将打磨后的果昔倒入玻璃杯中，再将草莓放到上面装饰，草莓果昔制作完成。

石榴碳酸饮料
可以品尝到石榴的酸甜及其特有的淡淡苦涩的碳酸饮料。

材料

100% 石榴果汁 350ml，水 150ml，砂糖 150g，容量为 500ml 的密封玻璃瓶

调制石榴果露

1. 首先向锅中倒入 150ml 的水。
2. 待水煮沸后调至中火，将 350ml 石榴果汁倒入锅中。
3. 用中小火慢慢熬煮 10~15 分钟。
4. 将咖啡滤杯放置在量杯的上方。
5. 将煮熟的果肉过滤，沥出汤汁。
6. 向量杯中放入砂糖，完全溶化后，冷却。
7. 最后将其倒入准备好的消毒密封玻璃瓶中，石榴果露制作完成。

小贴士

— 火候的调节至关重要。

— 使用新鲜的石榴时，只需煮 1~2 个石榴的果仁。如果煮得太久的话，石榴果露的味道就会变得苦涩，这一点要注意。

 配方

材料
石榴果露 40ml，碳酸水 160ml（制作方法参考本书第 16 页，或者使用市售的碳酸水）

装饰
石榴 15~20 粒，薄荷叶 1 片

调制石榴碳酸饮料
1. 在杯子里装满冰块。
2. 先倒入 160ml 碳酸水，再倒入 40ml 果露。
3. 把石榴粒和薄荷叶放入杯中作为装饰后，石榴碳酸饮料制作完成。

小贴士
− 用 100% 纯石榴果汁调制出的饮料和用果肉调制出的颜色和口感会有些差异。
− 如果在石榴果露中加入青柠的话，口感更加清爽。

五味子碳酸饮料

因为含有五种味道，所以称其为五味子！它具有缓解疲劳的显著功效。拥有独特奇妙味道的五味子与碳酸相遇，口感独特，清爽怡人。

材料

晒干的五味子 30g，水 450ml，砂糖 300g，容量为 500ml
的密封玻璃瓶

调制五味子果露

1. 首先向锅中倒入 450ml 的水。
2. 待水煮沸后调至中火，将五味子倒入锅中。
3. 用中小火慢慢熬煮 10~15 分钟。
4. 将咖啡滤杯放置在量杯的上方。
5. 将煮熟的果肉过滤，沥出汤汁。
6. 向量杯中放入砂糖，完全溶化后，冷却。
7. 最后将其倒入准备好的消毒密封玻璃瓶中，五味子果露
   制作完成。

小贴士

– 如果五味子煮得太久的话，果露的味道就会太浓或变得辛辣。
– 如果加点柠檬汁，就可以稍微缓解辛辣的味道。

材料

五味子果露 30ml，碳酸水 160ml（制作方法参考本书第 16 页，或者使用市售的
碳酸水）

装饰

柠檬切片 1 片，五味子 5~6 个

调制五味子碳酸饮料

1. 在杯子里装满冰块。
2. 先倒入 160ml 碳酸水，再倒入 30ml 果露。
3. 将柠檬片和五味子放入杯中作为装饰，五味子碳酸饮料
   完成。

五味子冰茶

材料：五味子果露 30ml，水 150ml，柠檬片 1 片，适量的
冰块
1. 在玻璃杯中加入冰块和水，再倒入果露。
2. 轻轻搅拌，用柠檬片装饰，五味子冰茶制作完成。

柠檬皮碳酸饮料

与带有酸甜味道的柠檬果肉不同，柠檬皮带有丰富的柠檬香气和微微苦涩的味道，这就是富有魅力的柠檬皮碳酸饮料。

레몬시럽

材料

2 个柠檬的柠檬皮，500ml 水，砂糖 200g，容量为 500ml 的密封玻璃瓶

调制柠檬皮果露

1. 首先向锅内倒入 500ml 的水。

2. 待锅中水煮沸后，调至中火熬煮，再加入经过手工处理好的柠檬皮。

3. 然后用中火慢慢地熬煮 15~20 分钟。

4. 请把咖啡滤杯放置在量杯上方。

5. 将煮熟的果肉过滤，沥出汤汁。

6. 放入砂糖，待其溶化后，冷却。

7. 最后将过滤出来的柠檬皮和汁液倒入准备好的玻璃容器里，柠檬皮果露制作完
   成。

小贴士

- 在准备材料时，使用食用苏打、食醋、盐将柠檬皮清洗干净。

- 柠檬皮里面白的部分要尽可能去掉，这样做的目的是为了减轻柠檬皮苦涩的味道。

柠檬伏特加汤力汽水

材料：伏特加酒 30ml，柠檬皮果露 15ml，适量的汤力水和冰块，柠檬切片 1 个

1. 首先在玻璃杯中装满冰块，然后倒入伏特加酒、果露、汤力水充分搅拌。

2. 放入使用酒精喷灯熏烤过的柠檬切片后，柠檬伏特加汤力汽水制作完成。（没有酒精喷灯的话，直接加入柠檬片亦可）

材料

柠檬皮果露 40ml，碳酸水 160ml（制作方法请参照本书第 16 页，或者使用市售的碳酸水）

装饰

柠檬切片 1 片，柠檬皮圈 1~2 个，迷迭香 1 枝。

调制柠檬皮碳酸饮料

1. 请在杯子里装满冰块。

2. 先倒入 160ml 碳酸水，再倒入 40ml 果露。

3. 最后用柠檬切片、柠檬皮圈、迷迭香装饰后，柠檬皮碳酸饮料制作完成。

小贴士

- 因为柠檬皮略带苦味，所以可以根据个人口味自行调配果露的剂量。

- 在柠檬皮果露中加入生姜味汽水或汤力水饮用时，别有一番滋味。

柠檬碳酸饮料

利用柠檬的果皮和果肉制作而成的碳酸饮料。

柠檬酸甜的味道和碳酸水完美结合，谁喝了都会喜欢。

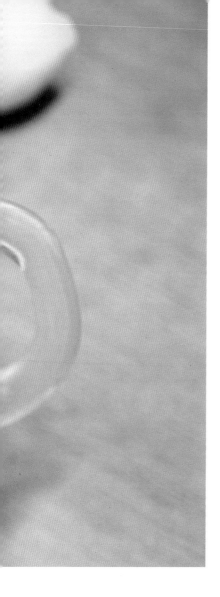

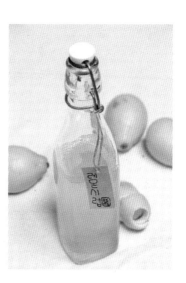

材料

柠檬果肉 2 个，水 500ml，砂糖 150g，容量为 500ml 的密封玻璃瓶

调制柠檬果露

柠檬果露的调制方法详见本书第 26 页。

材料

柠檬果露 40ml，碳酸水 160ml（制作方法参考本书第 16 页，或者使用市售的碳酸水）

装饰

柠檬瓣 1/4 片，晒干的柠檬切片 1 片，迷迭香 1 枝

调制柠檬碳酸饮料

1. 在杯子里装满冰块。
2. 将柠檬瓣挤压出汁滴入杯中。
3. 首先倒入 160ml 碳酸水，再倒入 40ml 果露。
4. 最后将晒干的柠檬切片和迷迭香放入杯中作为装饰，柠檬碳酸饮料制作完成。

小贴士

- 可以按照自己喜欢的比例调配果露和碳酸水，味道也不错。
- 柠檬果露自身带有爽口的味道，在挤压柠檬时，适量调节柠檬汁的剂量，味道更佳。

柠檬冰茶

材料: 柠檬果露 30ml, 水 120ml,
适量冰块, 柠檬切片 2~3 片

1. 在玻璃杯中放满冰块, 然后倒入
   水。
2. 倒入果露, 轻轻搅拌之后, 加入
   柠檬切片作为装饰, 柠檬冰茶制
   作完成。

柠檬果冻

材料: 半个柠檬榨的果汁, 柠檬果
露 20ml, 水 30ml, 食用明胶 1/2 张

1. 将半个柠檬放入榨汁机, 榨取汁
   液, 把柠檬中间掏干净。
2. 在凉水中放入食用明胶, 浸泡
   4~5 分钟。
3. 在量杯中倒入柠檬汁、果露、水,
   然后放入泡开的食用明胶。
4. 放到电磁炉上煮 20 秒左右, 不
   停搅拌使之溶化。
5. 将煮好的液体倒入去除果肉的半
   个柠檬皮中, 然后放入冰箱 4~5
   小时后取出, 用刀切开, 柠檬果
   冻制作完成。

甜橙碳酸饮料
用味道爽口甘甜、略带苦涩的橙子调制而成的果露。

材料

甜橙 2 个（大），水 550ml，砂糖 150g，容量为 500ml 的密封玻璃瓶

调制甜橙果露

甜橙果露的调制方法详见本书第 42 页。

材料

甜橙果露 40ml，碳酸水 160ml

装饰

甜橙切片 1 个，巧克力薄荷叶或薄荷叶 1 片

调制甜橙碳酸饮料

1. 在杯子里装满冰块。

2. 先倒入 160ml 碳酸水，再倒入 40ml 果露。

3. 把橙子切片和巧克力薄荷叶放入杯中作为装饰后，甜橙碳酸饮料制作完成。

青柠碳酸饮料

青柠的特点是没有柠檬那么酸，味道更加爽口。使用青柠制成果露的话，味道酸酸甜甜，与碳酸水是绝配。

材料

青柠 2 个（中），水 500ml，砂糖 150g，容量为 500ml 的密封玻璃瓶

调制青柠果露

青柠果露的调制方法详见本书第 30 页。

材料

青柠果露 40ml，碳酸水 160ml

装饰

青柠瓣 1/6 个

调制青柠碳酸饮料

1. 在杯子里装满冰块。

2. 将青柠瓣挤压出汁滴入杯中。

3. 首先倒入 160ml 碳酸水，再倒入 40ml 果露，青柠碳酸饮料制作完成。

2   3   3

小贴士

— 如果喜欢更加爽口清香的味道，可以用 1/4 个青柠瓣。

西柚碳酸饮料
将味道略微苦涩的西柚制成风味清淡的果露。与市面上卖
的饮料大不相同，天然的西柚果露颜色更加自然纯正。

材料
西柚 1.5 个（大），水 400ml，砂糖 200g，容量为 500ml 的密封玻璃瓶

调制西柚果露
1. 首先向锅中倒入 400ml 的水。
2. 待水煮沸后调至中火，将去皮切好的西柚倒入锅中。
3. 用中小火慢慢熬煮 15~20 分钟。
4. 将咖啡滤杯放置在量杯的上方。
5. 将煮熟的果肉过滤，沥出汤汁。
6. 向量杯中放入砂糖，完全溶化后，冷却。
7. 最后将其倒入准备好的消毒密封玻璃瓶中，西柚果露制作完成。

小贴士
- 将西柚的白色部分和种子除去，从减少苦味。
- 根据西柚的大小，适当调整果露的剂量。
- 与加利福尼亚的西柚相比，佛罗里达西柚皮薄汁多，用来调制果露和饮料，效果更好，味道更佳。
- 若喜欢西柚浓醇的清爽口味，可以使用棉布包裹，用力拧紧榨取汁液。

材料
西柚果露 40ml，碳酸水 160ml（制作方法参考本书第 16 页，或者使用市售的碳酸水）

装饰
西柚切片 1 片，薄荷叶 1 片

调制西柚碳酸饮料
1. 在杯子里装满冰块。
2. 先倒入 160ml 碳酸水，再倒入 40ml 果露。
3. 将西柚切片和薄荷叶片放入杯中作为装饰，西柚碳酸饮料制作完成。

苹果碳酸饮料
利用清脆香甜的苹果做成的果露
制作而成，和碳酸水的清淡爽口
融合到一起，即使和煎饼一起吃
也很美味。

材料

大苹果 2.5 个，水 550ml，砂糖 150g，容量为 500ml 的密封玻璃瓶

调制苹果果露

1. 首先向锅中倒入 550ml 的水。
2. 待水煮沸后调至中火，将洗干净去皮切好的苹果放入锅中。
3. 用中小火慢慢熬煮 25~30 分钟。
4. 将咖啡滤杯放置在量杯的上方。
5. 将煮熟的果肉过滤，沥出汤汁。
6. 向量杯中放入砂糖，完全溶化后，冷却。
7. 最后将其倒入准备好的消毒密封玻璃瓶中，苹果果露制作完成。

小贴士

– 用青苹果制作的话，味道会更加爽口。

– 煮苹果时，煮到苹果体积变小、晶莹剔透时，苹果的香味才会散发出来。

– 将煮熟的果肉和吐司搭配，味道也不错。

– 如果想要更加浓醇的苹果香味，可以使用棉布包裹，用力拧紧榨取汁液。

材料

苹果果露 40ml，碳酸水 160ml（制作方法参考本书第 16 页，或者使用市售的碳酸水）

调制苹果碳酸饮料

1. 在杯子里装满冰块。
2. 先倒入 160ml 碳酸水，再倒入 40ml 果露。
3. 将苹果切片放入杯中作为装饰，苹果碳酸饮料制作完成。

小贴士

– 可以将苹果切成小块，然后捣碎放入碳酸饮料中，这样苹果的味道会更加纯正。

红地球葡萄碳酸饮料
以没有籽的红地球葡萄为原料，制作出
味道甘甜的碳酸饮料。

材料

红地球葡萄 500g，水 450ml，金砂糖（或非精制有机黄砂糖）150g，容量为 500ml 的密封玻璃瓶

调制红地球葡萄果露

1. 首先向锅内倒入 450ml 的水。
2. 待锅中水煮沸后，调至中火，然后加入经过手工处理过的红地球葡萄。
3. 请用中火慢慢熬煮 15~20 分钟。
4. 将咖啡滤杯放置在量杯上方。
5. 过滤锅里的混合物。
6. 放入砂糖，待其溶化后，冷却。
7. 最后将其倒入准备好的玻璃瓶里，红地球葡萄果露制作完成。

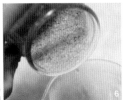

小贴士

— 如果想味道更加浓厚一些，那么请多加入一些红地球葡萄果露。

— 如想使味道更加醇正爽口，那么在熬煮的时候放入 1~2 片柠檬切片。

— 请注意，如果熬煮的时间过长，味道会略带苦涩。

— 如果想使红地球葡萄的味道更加浓纯，那么请在过滤后使用棉布用力拧紧榨取汁液。

— 如果不喜欢金砂糖的特殊香味，可以使用白砂糖代替金砂糖。

材料
红地球葡萄果露 40ml，碳酸水 160ml（制作方法请参照本书第 16 页，或者使用市售的碳酸水）

装饰
红地球葡萄 5 粒，迷迭香 1 枝

调制红地球葡萄碳酸饮料
1. 请将冰块与切成半球状的红地球葡萄装满杯子。
2. 然后倒入 160ml 碳酸水，40ml 果露。
3. 最后用红地球葡萄和迷迭香装饰，红地球葡萄碳酸饮料制作完成。

小贴士
— 为了饮料的口味更佳，在饮用之前，可以把杯底的果肉轻轻地搅拌起来。
— 如果把红地球葡萄捣碎后制作果露，红地球葡萄的味道会更加浓厚。

青葡萄碳酸饮料
与普通葡萄不同，青葡萄味道更加香甜爽口，和碳酸水是
绝佳搭配。

材料

无籽青葡萄 500g，水 450ml，砂糖 150g，容量为 500ml 的密封玻璃瓶

调制青葡萄果露

1. 首先向锅中倒入 450ml 的水。

2. 待水煮沸后调至中火，将清洗干净切好的青葡萄倒入锅中。

3. 用中小火慢慢熬煮 15~20 分钟。

4. 将咖啡滤杯放置在量杯的上方。

5. 将煮熟的果肉过滤，沥出汤汁。

6. 向量杯中放入砂糖，完全溶化后，冷却。

7. 最后将其倒入准备好的消毒密封玻璃瓶中，青葡萄果露制作完成。

  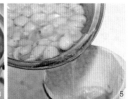

小贴士

– 有的青葡萄味道很酸，在制作前先品尝挑选一下，以免影响口味。

– 如果想让味道更加爽口，蒸煮时可以向锅中放入适量柠檬汁。

– 将水果捣碎蒸煮的话，可以选用过滤纸或过滤网代替咖啡滤杯。

材料
青葡萄果露 40ml，碳酸水 160ml（制作方法参考本书第 16 页，或者使用市售的碳酸水）

装饰
柠檬切片或青柠切片 1 片，青葡萄小花 1 朵

调制青葡萄碳酸饮料
1. 在杯子里装满冰块。
2. 先倒入 160ml 碳酸水，再倒入 40ml 果露。
3. 把柠檬切片或青葡萄小花放入杯中作为装饰，青葡萄碳酸饮料制作完成。

青葡萄汽水
材料：青葡萄 10 粒，青葡萄果露 40ml，柠檬汁 15ml，碳酸水 160ml，冰块适量，小粒青葡萄，干柠檬片 1 片，柠檬切片 1 片

1. 除了碳酸水以外，把所有材料都放入搅拌容器中搅拌，搅拌到还剩些许颗粒物。
2. 将第 1 步中的材料放入杯中，并放满冰块。
3. 倒入碳酸水，并用勺子轻轻搅拌均匀。
4. 将柠檬切片、干柠檬片、小粒青葡萄放入杯口装饰后，青葡萄汽水制作完成。

 猕猴桃碳酸饮料
在猕猴桃果露中加入猕猴桃籽，味道更醇正。
这是一款可以充分品尝到猕猴桃味道的碳酸饮料。

材料
猕猴桃 3~4 个，水 500ml，砂糖 200g，容量为 500ml 的密封玻璃瓶

调制猕猴桃果露
1. 首先向锅内倒入 500ml 的水。
2. 待水煮沸后调至中火，将清洗干净去皮切好的猕猴桃倒入锅中。
3. 用中小火慢慢熬煮 15~20 分钟。
4. 将咖啡滤杯放置在量杯的上方。
5. 将煮熟的果肉过滤，沥出汤汁。
6. 向量杯中放入砂糖，完全溶化后，冷却。
7. 最后将其倒入准备好的消毒密封玻璃瓶中，猕猴桃果露制作完成。

小贴士
- 根据猕猴桃的甜度，调整砂糖的剂量。
- 如果想制作更加快捷，可以将水和猕猴桃混合研磨之后再倒入锅中蒸煮。
- 在果露中加入猕猴桃的籽，能够更加突出猕猴桃的味感。
- 如果想调制爽口的果露，只要把猕猴桃籽去掉就可以了。
- 蒸煮猕猴桃果肉时，要事先品尝甜度和新鲜程度。

材料
猕猴桃果露 40ml，碳酸水 160ml（制作方法参考本书第 16 页，或者使用市售的碳酸水）

装饰
猕猴桃切片 1 片

调制猕猴桃碳酸饮料
1. 在杯子里装满冰块。
2. 先倒入 160ml 碳酸水，再倒入 40ml 果露。
3. 把猕猴桃切片放入杯中作为装饰后，猕猴桃碳酸饮料制作完成。

小西红柿碳酸饮料
用原汁原味的小西红柿果露制
作而成的碳酸饮料。

材料

小西红柿 350g，水 500ml，砂糖 200g，容量为 500ml 的密封玻璃瓶

调制小西红柿果露

1. 首先向锅内倒入 500ml 的水。
2. 待水煮沸后调至中火，将清洗干净切好的小西红柿放入锅中。
3. 用中小火慢慢熬煮 20~25 分钟。
4. 将咖啡滤杯放置在量杯的上方。
5. 将煮熟的果肉过滤，沥出汤汁。
6. 向量杯中放入砂糖，完全溶化后，冷却。
7. 最后将其倒入准备好的消毒密封玻璃瓶中，小西红柿果露制作完成。

小贴士

－如果小西红柿未进行切块处理的话，可以在蒸煮的过程中将其轻轻捣碎。

材料

小西红柿果露 40ml，碳酸水 160ml（制作方法参考本书第 16 页，或者使用市售的碳酸水）

装饰

柠檬切片 1 片，小西红柿 1 个

调制小西红柿碳酸饮料

1. 在杯子里装满冰块。
2. 先倒入 160ml 碳酸水，再倒入 40ml 果露。
3. 把柠檬切片和小西红柿放入杯中作为装饰，小西红柿碳酸饮料制作完成。

金橘碳酸饮料

与橘子味道不同，金橘的味道更加酸爽，调制出的金橘果露，味道独特。

橘籽小巧，其口感甜中带酸，甚是可口。金橘与碳酸水也是完美组合，味道浓醇。

材料

金橘 350g，水 500ml，砂糖 200g，容量为 500ml 的密封玻璃瓶

调制金橘果露

1. 首先向锅中倒入 500ml 的水。

2. 待水煮沸后调至中火，将清洗干净切好的金橘放入锅中。

3. 用中小火慢慢熬煮 15~20 分钟。

4. 向锅中放入砂糖后，再慢慢熬煮 5 分钟，轻轻搅拌。

5. 最后将其倒入准备好的消毒密封玻璃瓶中，金橘果露制作完成。

小贴士

– 如果蒸煮过后想得到纯果肉，可以用咖啡滤杯或者过滤纸进行过滤。

– 煮后剩余的金橘可以用来制作蜜饯，非常可口。

– 加入 1 大勺伏特加的话，将其置于阴凉处，可以保鲜 1 周左右。

– 如果想让金橘的味道更加浓厚，可以使用棉布包裹，用力拧紧榨取汁液。

配方

材料
金橘果露 40ml，碳酸水 160ml

装饰
金橘切片 3~5 片，金橘 1 个

调制金橘碳酸饮料
1. 在杯子里装满冰块。
2. 先倒入 160ml 碳酸水，再倒入 40ml 果露。
3. 把金橘切片和金橘放入杯中作为装饰，金橘碳酸饮料制作完成。

小贴士
— 在制作金橘碳酸饮料时，如果将金橘捣碎的话，味道更加纯正。

金橘冰棒
材料：金橘果露 45ml，君度酒 30ml，金橘 8 个，水 120ml，金橘切片若干
1. 将去籽的金橘同其他材料一起搅拌或者放入食品料理机中进行打磨。
2. 将金橘切片，放入冰棒模具后，再将第 1 步中的混合物倒入模具，加满即可。
3. 插入木棒，放入冰箱冷冻，半天时间取出即可，金橘冰棒制作完成。

菠萝碳酸饮料
菠萝酸甜可口的味道，与碳酸水是绝佳搭配。

材料

菠萝果肉 500g，水 500ml，砂糖 150g，
容量为 500ml 的密封玻璃瓶

调制菠萝果露

菠萝果露的调制方法详见本书第 38 页。

材料

菠萝果露 40ml，碳酸水 160ml

装饰

菠萝薄片（或切片）1 片，菠萝叶子 2 片

调制菠萝碳酸饮料

1. 在杯子里装满冰块。
2. 先倒入 160ml 碳酸水，再倒入 40ml 果露。
3. 把菠萝薄片（或切片）放入杯中作为装饰，菠萝碳酸饮料制作完成。

小贴士

– 将菠萝果肉捣碎之后再放入菠萝碳酸饮料中，味道会更加浓醇。

 荔枝碳酸饮料
荔枝香甜独特的味道与充满魅力的碳酸水搭配是完美组合!

材料

荔枝 17 颗，水 500ml，砂糖 200g，容量为 500ml 的密封玻璃瓶

调制荔枝果露

1. 首先向锅中倒入 500ml 的水。

2. 待水煮沸后调至中火，将 17 颗剥好的荔枝放入锅中。

3. 用中小火慢慢熬煮 20~25 分钟。

4. 将咖啡滤杯放置在量杯的上方。

5. 将煮熟的果肉过滤，沥出汤汁。

6. 向量杯中放入砂糖，完全溶化后，冷却。

7. 最后将其倒入准备好的消毒密封玻璃瓶中，荔枝果露制作完成。

小贴士

- 如果喜欢更加浓厚香甜的荔枝味道，可以多放一些荔枝。
- 如果想要更加爽口的荔枝果露，蒸煮时可以适当放些柠檬。
- 如果喜欢更加浓醇的荔枝味道，可以使用棉布包裹，用力拧紧榨取汁液。

材料

荔枝果露 40ml，碳酸水 160ml（制作方法参考本书第 16 页，或者使用市售的碳酸水）

装饰

荔枝 1 颗，薄荷叶 1 片

调制荔枝碳酸饮料

1. 在杯子里装满冰块。
2. 先倒入 160ml 碳酸水，再倒入 40ml 果露。
3. 把荔枝和薄荷叶放入杯中作为装饰，荔枝碳酸饮料制作完成。

小贴士

－ 如果将荔枝果肉捣碎之后再放入荔枝碳酸饮料中的话，荔枝味道会更加纯正。

－ 将荔枝、水、荔枝果露、柠檬汁混合搅拌冰冻后，可以制成冰糕。

荔枝味格拉尼塔刨冰

材料: 荔枝果露 50ml、水 150ml,荔枝 6 颗

1. 将所有材料放到搅拌器或者食品料理机中进行打磨。
2. 将过滤网放置到较浅的容器上,过滤掉残渣。
3. 放入冰箱冷冻 3~4 个小时后,用叉子搅动。至少要搅拌 3 次,从上到下全部搅拌开。
4. 装入球状甜点容器中,放上荔枝装饰后,荔枝味格拉尼塔刨冰制作完成。

不长胖的碳酸饮料

 西番莲果碳酸饮料
西番莲果里包含许多水果的味道，
与酷爽清凉的碳酸结合，堪称完美。

材料

西番莲果 3 个，水 500ml，砂糖 200g，容量为 500ml 的密封玻璃瓶

调制西番莲果果露

1. 首先向锅中倒入 500ml 的水。
2. 待水煮沸后调至中火，将西番莲果果瓤内籽粒放入锅中。
3. 用中小火慢慢熬煮 15~20 分钟。
4. 将咖啡滤杯放置在量杯的上方。
5. 将煮熟的果肉过滤，沥出汤汁。
6. 向量杯中放入砂糖，完全溶化后，冷却。
7. 最后将其倒入准备好的消毒密封玻璃瓶中，西番莲果果露制作完成。

小贴士

－ 由于很难买到新鲜的西番莲果，使用冷藏过的，味道也不错。

－ 蒸煮的过程中会出现浮沫，将浮沫撇去，汤汁会更加清澈。

－ 如果想要味道更加爽口香浓，蒸煮时可以多放 1 个西番莲果。

材料

西番莲果果露40ml，碳酸水160ml（制作方法参考本书第16页，或者使用市售的碳酸水）

装饰

晒干的柠檬切片1片，迷迭香1枝

调制西番莲果碳酸饮料

1. 在杯子里装满冰块。

2. 先倒入160ml碳酸水，再倒入40ml果露。

3. 把晒干的柠檬切片和迷迭香放入杯中作为装饰，西番莲果碳酸饮料制作完成。

小贴士

－将1/2个西番莲果的果肉放入碳酸饮料中，味道会更加爽口。

青蓝莓碳酸饮料

虽然青蓝莓味道较苦，但是将它制成果露，进而调制成碳酸饮料，其口感甘甜可口，就连小孩子都很喜欢喝。

配方

材料

冷冻的青蓝莓 160g，水 500ml，砂糖 200g，容量为 500ml 的密封玻璃瓶

调制青蓝莓果露

1. 首先向锅中倒入 500ml 的水。
2. 待水煮沸后调至中火，将冷冻的青蓝莓放入锅中。
3. 用中小火慢慢熬煮 15~20 分钟。
4. 将咖啡滤杯放置在量杯的上方。
5. 将煮熟的果肉过滤，沥出汤汁。
6. 向量杯中放入砂糖，完全溶化后，冷却。
7. 最后将其倒入准备好的消毒密封玻璃瓶中，青蓝莓果露制作完成。

小贴士

－如果喜欢更加浓醇的青蓝莓果味，蒸煮时可以多加一些果肉。

青蓝莓冰沙代基里酒

材料：朗姆酒 30ml，青蓝莓 8 颗，青蓝莓果露 30ml，青柠汁 15ml，冰块 8 块

1. 将所有材料放到搅拌器或者食品料理机中进行打磨。
2. 盛入高脚杯中，再加入青蓝莓、薄荷叶装饰，青蓝莓冰沙代基里酒制作完成。

材料
青蓝莓果露 40ml，碳酸水 160ml（制作方法参考本书第 13 页，或者使用市售的碳酸水）

装饰
青蓝莓 5~6 颗，薄荷叶 1 片

调制青蓝莓碳酸饮料
1. 将杯中放入 5~6 颗蓝莓，并装满冰块。
2. 先倒入 160ml 碳酸水，然后倒入 40ml 果露和 1/6 个柠檬榨取的果汁。
3. 把薄荷叶放入杯中作为装饰后，青蓝莓碳酸饮料制作完成。

小贴士
– 将捣碎的青蓝莓放入碳酸饮料中，香气浓郁，味道更加纯正。

青蓝莓冰茶
材料：青蓝莓果露 30ml，水 120ml，柠檬切片 1 片。
1. 在玻璃杯中放入冰块。
2. 倒入水、果露并轻轻搅拌后，加入柠檬切片装饰，青蓝莓冰茶制作完成。

 雪梨碳酸饮料

雪梨可谓清爽香甜，肉厚汁多。用它调制成果露，清凉可口，口味纯正，香甜腻人。

配方

材料

雪梨 1.5 个（500~600g），水 400ml，砂糖 150g，容量为 500ml 的密封玻璃瓶

调制雪梨果露

1. 首先向锅中倒入 400ml 的水。
2. 待水煮沸后调至中火，将去皮切好的雪梨放入锅中。
3. 用中小火慢慢熬煮 15~20 分钟。
4. 将咖啡滤杯放置在量杯的上方。
5. 将煮熟的果肉过滤，沥出汤汁。
6. 向量杯中放入砂糖，完全溶化后，冷却。
7. 最后将其倒入准备好的消毒密封玻璃瓶中，雪梨果露制作完成。

小贴士

– 由于雪梨的种子味道难闻，所以调制果露时只用雪梨果肉。
– 没有熟透的雪梨味道不纯正。
– 如果喜欢更加浓醇的雪梨味道，可以使用棉布包裹，用力拧紧榨取汁液。

材料

雪梨果露 40ml，碳酸水 160ml（制作方法参考本书第 16 页，或者使用市售的碳酸水）

装饰

雪梨切片 1 片，松针 1 根

调制雪梨碳酸饮料

1. 在杯子里装满冰块。
2. 先倒入 160ml 碳酸水，再倒入 40ml 果露。
3. 把雪梨切片和松针放入杯中作为装饰，雪梨碳酸饮料制作完成。

小贴士

－ 将雪梨的果肉捣碎之后再进行调制，味道会更加香甜。

雪梨鸡尾酒
材料：雪梨果露 40ml，雪梨 250g，冰块 5 块，梨块 3 块
1. 将所有材料放到搅拌器或者食品料理机中进行打磨。
2. 倒入玻璃杯中，加入鸡尾酒、3 块梨和迷迭香装饰，雪梨鸡尾酒制作完成。

椰果碳酸饮料
椰果碳酸饮料与市售的碳酸饮料不大相同，是散发着纯正
自然味道的碳酸饮料。

材料

1 个椰果的果肉，水 500ml，砂糖 200g，容量为 500ml 的密封玻璃瓶

调制椰果果露

1. 将没有汁的椰果切开，取出果肉并清洗。

2. 将果肉切成合适的大小块，加入水一起搅拌磨碎。

3. 首先向锅中倒入 500ml 的水，调至小火。

4. 将磨碎的材料放入锅中，用中小火慢慢熬煮 15~20 分钟。

5. 将过滤器放置在量杯的上方。

6. 将煮熟的果肉过滤，沥出汤汁。

7. 向量杯中放入砂糖，完全溶化后，冷却。

8. 最后将其倒入准备好的消毒密封玻璃瓶中，椰果果露制作完成。

小贴士

－如果蒸煮前椰果不进行研磨的话，调制出的果露香气较淡。

－用椰果汁调制出的果露，香腻可口。

－由于椰果果实中含有油的成分，应该仔细过滤。

配方

材料

椰果果露40ml,碳酸水160ml(制作方法参考本书第16页,或者使用市售的碳酸水)

装饰

小块椰果1个,薄荷叶1片

调制椰果碳酸饮料

1.在杯子里装满冰块。

2.先倒入160ml碳酸水,再倒入40ml果露。

3.把小块椰果和薄荷叶放入杯中作为装饰,椰果碳酸饮料制作完成。

小贴士

– 如果感觉椰果的味道太浓醇腻人,可以适当调节果露的剂量。

西瓜碳酸饮料

西瓜特有的香甜与碳酸水的清爽融合，形成口味独特的西瓜饮料。

材料

西瓜 700g，水 250ml，砂糖 150g，容量为 500ml 的密封玻璃瓶

调制西瓜果露

1. 首先向锅中倒入 250ml 的水。

2. 待水煮沸后调至中火，将切好的西瓜放入锅中。

3. 用中小火慢慢熬煮 10~15 分钟。

4. 将咖啡滤杯放置在量杯的上方。

5. 将煮熟的果肉过滤，沥出汤汁。

6. 向量杯中放入砂糖，完全溶化后，冷却。

7. 最后将其倒入准备好的消毒密封玻璃瓶中，西瓜果露制作完成。

小贴士

– 由于西瓜汁多，可以适当调整水的剂量。

– 如果西瓜非常甘甜，可以适当调节砂糖的量。

– 如果喜欢更加浓醇的西瓜味道，可以使用棉布包裹，用力拧紧榨取汁液。

– 如果蒸煮的时间过长，西瓜的味道会流失，变得像南瓜一样，这一点要注意。

材料

西瓜果露40ml,碳酸水160ml(制作方法参考本书第16页,或者使用市售的碳酸水)

装饰

小西瓜块1块

调制西瓜碳酸饮料

1. 在杯子里装满冰块。

2. 先倒入160ml碳酸水，再倒入40ml果露。

3. 把小西瓜块放入杯中作为装饰，西瓜碳酸饮料制作完成。

杧果碳酸饮料

饮一口杧果碳酸饮料，品尝后熟杧果特有的迷人的香甜。

材料

后熟的杧果果肉 350g，水 450ml，砂糖 150g，容量为 500ml 的密封玻璃瓶

调制杧果果露

1. 首先向锅中倒入 450ml 的水。
2. 待水煮沸后调至中火，将切好的杧果放入锅中。
3. 用中小火慢慢熬煮 15~20 分钟。
4. 将咖啡滤杯放置在量杯的上方。
5. 将煮熟的果肉过滤，沥出汤汁。
6. 向量杯中放入砂糖，完全溶化后，冷却。
7. 最后将其倒入准备好的消毒密封玻璃瓶中，杧果果露制作完成。

小贴士

－使用冷藏的杧果也可以，味道一样可口。

－手切杧果的时候，以中间的果核为中心，向左右两边切果肉比较容易。

－除了后熟的杧果以外，苹果杧果也可以用来制作果露。

－如果喜欢更加浓醇的杧果味道，可以使用棉布包裹，用力拧紧榨取汁液。

配方

材料

杧果果露 40ml，碳酸水 160ml（制作方法参考本书第 16 页，或者使用市售的碳酸水）

装饰

杧果切块 3~5 块，薄荷叶 1 片

调制杧果碳酸饮料

1. 在杯子里装满冰块。
2. 先倒入 160ml 碳酸水，再倒入 40ml 果露。
3. 把杧果切块和薄荷叶放入杯中作为装饰，杧果碳酸饮料制作完成。

小贴士

- 将捣碎的杧果放入碳酸饮料中，香气浓郁，味道更加纯正。

杧果 & 菠萝味冰沙玛格丽塔酒

材料：青龙舌兰酒 30ml，冷冻的杧果肉
1 个，方块菠萝肉 4 块，杧果果露 30ml，
青柠汁 20ml，捣碎的冰碴 1 杯

1. 将所有材料放到搅拌器或者食品料理
   机中进行打磨。
2. 在杯口周围涂上青柠汁后再涂上食盐。
3. 将研磨的融合物倒入杯中，加入杧果
   和菠萝叶子装饰，杧果菠萝味冰沙玛
   格丽塔酒制作完成。

柑橘碳酸饮料
喜欢吃橘子的朋友肯定会被这款甘甜可口的柑橘碳酸饮料深
深吸引。

材料

柑橘 350g，水 300ml，砂糖 150g，容量为 500ml 的密封玻璃瓶

调制柑橘果露

1. 首先向锅中倒入 300ml 的水。

2. 将剥皮瓣好的柑橘放入锅中蒸煮。

3. 用中小火慢慢熬煮 15~20 分钟。

4. 将咖啡滤杯放置在量杯的上方。

5. 将煮熟的果肉过滤，沥出汤汁。

6. 向量杯中放入砂糖，完全溶化后，冷却。

7. 最后将其倒入准备好的消毒密封玻璃瓶中，柑橘果露制作完成。

小贴士

– 尽量将橘子果皮去掉，只用橘子瓣果肉。

– 如果果露中有剩余的果肉，要尽快过滤掉，不然短时间内就会变质。

– 如果使用过滤纸，要用力榨取汁液，避免浪费。

– 加入 1 大勺伏特加的话，将其置于阴凉处，可以保鲜 1 周左右。

配方

材料

柑橘果露 40ml，碳酸水 160ml（制作方法参考本书第 16 页，或者使用市售的碳酸水）

装饰

柑橘切片 1 片，菠萝鼠尾草叶子

调制柑橘碳酸饮料

1. 在杯子里装满冰块。

2. 先倒入 160ml 碳酸水，再倒入 40ml 果露。

3. 把柑橘切片和菠萝鼠尾草叶子放入杯中作为装饰，柑橘碳酸饮料制作完成。

柑橘甜点

材料：柑橘 1 个，黄油半勺，砂糖半勺，柑橘果露 30ml，金万利酒半勺，柠檬汁 1 大勺

1. 将黄油放到烧热的锅中溶化，然后再放入砂糖和柠檬汁，注意不要煳锅粘锅。

2. 将处理好的柑橘果肉放入锅中，然后将柑橘果露和金万利酒均匀地倒在柑橘果肉上进行搅拌。

3. 将柑橘的果皮放到盘子上，然后将第 2 步中的混合物倒入果皮中，再将锅中剩余的果露浇上，柑橘甜点制作完成。

柑橘味格拉尼塔刨冰

材料：柑橘果露 50ml，柑橘 2 个，水 150ml，金万利酒 1 大勺，柠檬汁 1 大勺

1. 除了柑橘以外，将所有材料都放入容器中。

2. 将 2 个橘子放入搅拌机研磨，然后用过滤网过滤，放入容器中搅拌混合。

3. 放入冰箱冷冻 3~4 个小时后，用叉子搅动。至少要搅拌 3 次，从上到下全部搅拌开。

4. 盛入高脚杯中，加入晒干的柑橘片、菠萝鼠尾草叶子装饰，柑橘味格拉尼塔刨冰制作完成。

香蕉碳酸饮料
香蕉碳酸饮料的味道就像甜蜜的焦糖一样，香甜可口，美味纯正。

材料

香蕉 450g，水 550ml，砂糖 150g，容量为 500ml 的密封玻璃瓶

调制香蕉果露

1. 首先向锅中倒入 550ml 的水。

2. 待水煮沸后调至中火，将切好的香蕉放入锅中。

3. 用中小火慢慢熬煮 20~25 分钟。

4. 将咖啡滤杯放置在量杯的上方。

5. 将煮熟的果肉过滤，沥出汤汁。

6. 向量杯中放入砂糖，完全溶化后，冷却。

7. 最后将其倒入准备好的消毒密封玻璃瓶中，香蕉果露制作完成。

小贴士

– 蒸煮后过滤香蕉果肉时，与滤纸相比，棉布更加实用方便。

– 如果蒸煮时间过长的话，香蕉的颜色会变黑，这一点要注意。

– 如果喜欢更加浓醇的香蕉味道，可以使用棉布包裹，用力拧紧榨取汁液。

材料

香蕉果露 40ml，碳酸水 160ml（制作方法参考本书第 16 页，或者使用市售的碳酸水）

装饰

脱青的香蕉切片 2 片

调制香蕉碳酸饮料

1. 在杯子里装满冰块。
2. 先倒入 160ml 碳酸水，再倒入 40ml 果露。
3. 把脱青的香蕉切片放入杯中作为装饰，香蕉碳酸饮料制作完成。

香蕉朗姆奶昔

材料：黑朗姆酒 20ml，香蕉 1/2 根，香蕉果露 40ml，牛奶 90ml，冰块 7 块

1. 将所有材料放到搅拌器或者食品料理机中进行打磨。
2. 将打磨物盛入玻璃杯中，将剩余的香蕉放入杯口，摆成海豚模样装饰，香蕉朗姆奶昔制作完成。

PART

3

用茶露
调制碳酸饮料

木槿碳酸饮料

木槿茶露以酸甜的口感为主要特征，有很好的排毒效果。茶往往会使小孩子感到反感，但是加上碳酸饮料的甜味，口感倍增。

材料

干燥的木槿 17g，水 500ml，白砂糖 200g，容量为 500ml 的密封玻璃瓶

调制木槿茶露

1. 首先将 500ml 的水倒入锅中。
2. 待水沸腾后调至中火，将 17g 木槿放入锅中。
3. 用中小火慢慢熬煮 15~20 分钟。
4. 将咖啡滤杯放置在量杯的上方。
5. 将煮熟的木槿茶过滤，沥出汤汁。
6. 向量杯中放入砂糖，完全溶化后，冷却。
7. 最后将其倒入准备好的消毒密封玻璃瓶中，木槿茶露制作完成。

小贴士

- 如果喜欢浓厚的香醇口感，可以多加一些木槿。
- 如果使用的是袋泡茶，请放入 4~5 包。
- 如想使味道更加醇正爽口，那么在熬煮的时候放入少许柠檬汁，口感更佳。

材料
木槿茶露 40ml，碳酸水 160ml（制作方法请参照本书第 16 页，或是使用市售的碳酸水）

装饰
柠檬切片或青柠切片 1 片

调制木槿碳酸饮料
1. 请将杯子里装满冰块。
2. 先倒入 160ml 碳酸水，再倒入 40ml 木槿茶露。
3. 把柠檬切片放入杯中作为装饰，木槿碳酸饮料制作完成。

玛格丽塔木槿鸡尾酒
材料：龙舌兰酒 45ml，君度酒 15ml，酸橙汁 15ml，木槿茶露 15ml
1. 将酸橙汁轻轻沾到玻璃杯口，取少量的食盐沾到酸橙汁上。
2. 将准备好的材料都放入杯中，盛满后用搅拌棒搅拌。
3. 在杯口沾满食盐的玻璃杯里放入 2/3 的冰块和柠檬切片后，玛格丽塔木槿鸡尾酒制作完成。

茉莉花碳酸饮料

精选男女老少皆宜的茉莉花茶为原料制作出美味茶露。香甜的茉莉花香与清爽的碳酸水调配出味道独特的碳酸饮料，令人回味。

材料

晒干的茉莉花 17g，水 500ml，砂糖 200g，容量为 500ml 的密封玻璃瓶

配制茉莉花茶露

1. 首先向锅中倒入 500ml 的水。

2. 待水煮沸后，调至中火，向锅中放入 17g 晒干的茉莉花。

3. 用中小火慢慢熬煮 15~20 分钟。

4. 将咖啡滤杯放置在量杯的上方。

5. 将煮熟的茉莉花茶叶过滤，沥出汤汁。

6. 向量杯中放入砂糖，完全溶化后，冷却。

7. 最后将其倒入准备好的消毒密封玻璃瓶中，茉莉花茶露制作完成。

小贴士

－ 如果想要调制出茉莉花香更加浓厚的茉莉花茶露，蒸煮时需要多加一些茉莉花茶。

－ 如果使用茶包的话，蒸煮时放入 4~5 包即可，熬制出的茶露口味香醇。

材料

茉莉花茶露 40ml，碳酸水 160ml（制作方法参考本书第 16 页，或者使用市售的碳酸水）

装饰

三角形柠檬或者青柠 1 块

调制茉莉花碳酸饮料

1. 在杯子里装满冰块。
2. 先倒入 160ml 碳酸水，再倒入 40ml 果露。
3. 将三角形柠檬放入杯中作为装饰，茉莉花果露制作完成。

茉莉花气泡酒

材料：桃汁 30ml，茉莉花茶露 20ml，青柠汁 20ml，越橘汁 30ml，碳酸水 90ml

1. 除了碳酸水以外，把所有材料都放入搅拌容器中。
2. 将冰块加入容器中，摇晃。
3. 在玻璃杯中倒满冰块，将第 2 步的材料倒入玻璃杯。
4. 倒入碳酸水轻轻搅拌，用三角形青柠装饰，茉莉花气泡酒制作完成。

紫苏叶碳酸饮料
清爽刺激的碳酸水搭配柔和
清淡的紫苏叶香气，完美组
合，沁人心脾。

材料

晒干的紫苏叶 10g，水 500ml，砂糖 200g，容量为 500ml 的密封玻璃瓶

调制紫苏叶茶露

1. 首先向锅中倒入 500ml 的水。
2. 待水煮沸后调至中火，将 10g 晒干的紫苏叶放入锅中。
3. 用中小火慢慢熬煮 10~15 分钟。
4. 将咖啡滤杯放置在量杯的上方。
5. 将煮熟的紫苏叶茶过滤，沥出汤汁。
6. 向量杯中放入砂糖，完全溶化后，冷却。
7. 最后将其倒入准备好的消毒密封玻璃瓶中，紫苏叶茶露制作完成。

小贴士

－ 如果想要调制出紫苏叶香更加浓厚的紫苏叶茶露，蒸煮时需要多加一些紫苏叶。
－ 如果使用茶包的话，蒸煮时放入 4~5 包即可，熬制出的茶露口味香醇。
－ 想要茶露的口味更加清爽，可以放入 15ml 的柠檬汁一起熬煮。

材料

紫苏叶制成的茶露 40ml，碳酸水 160ml（制作方法参考本书第 16 页，或者使用市售的碳酸水）

调制紫苏叶碳酸饮料

1. 在杯子里装满冰块。
2. 先倒入 160ml 碳酸水，再倒入 40ml 茶露。
3. 用菠萝鼠尾草放入杯中装饰，紫苏叶碳酸饮料制作完成。

甘菊茶碳酸饮料

甘菊柔和的清香融入茶露中，与碳酸水搭配，调制出清爽
可口的碳酸饮料。

材料

袋装甘菊茶 3~5 包，水 500ml，砂糖 200g，容量为 500ml 的密封玻璃瓶

调制甘菊茶露

1. 首先向锅中倒入 500ml 的水。
2. 待水煮沸之后调至中火，将袋装的甘菊茶放入锅中。
3. 用中小火慢慢熬煮 10~15 分钟。
4. 将咖啡滤杯放置在量杯的上方。
5. 将煮熟的甘菊茶叶过滤，沥出汤汁。
6. 向量杯中放入砂糖，完全溶化后，冷却。
7. 最后将其倒入准备好的消毒密封玻璃瓶中，甘菊茶露制作完成。

2 5 7

小贴士

– 如果把甘菊茶包和茶露一起密封酿制，香味会更加浓纯。

– 如果使用散装的甘菊茶，称量出 7g 茶量即可调制出香醇可口的茶露。

– 每个公司生产的甘菊茶香味都有所不同，要选择纯度为 100% 的甘菊茶来调制，效果最佳。

材料

甘菊茶露 40ml，碳酸水 160ml（制作方法参考本书第 16 页，或者使用市售的碳酸水）

装饰

柠檬切片 1 片，花朵 1 枝

调制甘菊茶碳酸饮料

1. 在杯子里装满冰块。
2. 先倒入 160ml 碳酸水，再倒入 40ml 果露。
3. 将柠檬片和花朵放入杯中装饰，甘菊茶碳酸饮料制作完成。

格雷伯爵红茶碳酸饮料

格雷伯爵红茶露具有令人心情愉悦的淡淡苦香和佛手柑特有的香气，和碳酸水完美结合，调配出唇齿留香的碳酸饮料。

材料

格雷伯爵红茶 9g，水 400g，金砂糖（非精制有机红糖）200g，容量为 500ml 的密封玻璃瓶

调制格雷伯爵茶露

1. 首先向锅中倒入 400ml 的水。
2. 待水沸腾后调至中火，将格雷伯爵茶叶放入锅中。
3. 用中火慢慢熬煮 5~10 分钟。
4. 把咖啡滤杯放置在量杯的上方。
5. 将锅里的汁液进行过滤，然后放入砂糖，待其溶化后，充分搅拌。
6. 最后将其倒入准备好的玻璃容器里，格雷伯爵茶露制作完成。

小贴士

– 如你想体味更加浓厚的口感，可以多放入一些格雷伯爵茶叶。

– 如果使用的是袋泡茶，请放入 2~3 包。

– 随着熬煮的时间越长或是浸泡的时间越长，茶露的味道就会越苦，请务必要注意这一点哦。

材料

格雷伯爵茶露 40ml，碳酸水 160ml（制作方法请参照本书第 16 页，或是使用市售的碳酸水）

调制格雷伯爵茶碳酸饮料

1. 请在杯子里装满冰块。
2. 先倒入 160ml 碳酸水，再倒入 40ml 果露。

格雷伯爵香荚兰酒

材料：金色朗姆酒 30ml，格雷伯爵茶露 20ml，香荚兰果露 7.5ml，热水 150ml，柠檬切片 1 片

1. 首先使用牛皮纸或者是羊皮纸将杯子包好，然后倒入热水预热杯子。
2. 除了柠檬切片以外，把剩下的材料都放入杯子里，轻轻晃动杯子使其混合。
3. 最后把柠檬切片放入杯中作为装饰后，格雷伯爵香荚兰酒制作完成。

PART

4

用香草露
调制碳酸饮料

苹果薄荷碳酸饮料
散发着淡淡苹果香气的薄荷香草与碳酸水搭配，调制出的碳
酸饮料更加清爽可口。

材料

苹果薄荷 70g（或苹果薄荷汁 240ml），水 450ml，砂糖 150g，容量为 500ml 的密封玻璃瓶

调制苹果薄荷果露

1. 首先向锅内倒入 450ml 的水。
2. 待水煮沸后调至中火，将清洗干净的苹果薄荷放入锅中。
3. 用中小火慢慢熬煮 15 分钟。
4. 将咖啡滤杯放在量杯上方。
5. 将蒸煮的苹果薄荷进行过滤，沥出汤汁。
6. 向量杯中放入砂糖，完全溶化后，冷却。
7. 最后将其倒入准备好的消毒密封玻璃瓶中，苹果薄荷果露制作完成。

小贴士

－用留兰香代替苹果薄荷调制出的果露会更加清凉爽口。

－若使用干叶子（茶用），加入的叶子量要比加入新鲜叶子的数量少一些。

－若只煮叶子，会使其特有的草香挥发，只余淡淡的清香。

材料

苹果薄荷露 40ml，碳酸水 160ml（制作方法请参照本书第 16 页，或者使用市售的碳酸水）

装饰

苹果薄荷 5~6 枝或苹果薄荷 15~20 片

调制苹果薄荷碳酸饮料

1. 把 15~20 片的薄荷叶放在手心拍打，在杯子四周涂抹一遍之后，放入杯子中。
2. 在杯子中加满冰块。
3. 先放入 160ml 碳酸水，再放入 40ml 的苹果薄荷露。
4. 从杯子上方慢慢放入苹果薄荷叶装饰，苹果薄荷碳酸饮料制作完成。

无酒精墨吉托鸡尾酒

材料：青柠 1/2 个，非精制有机黄砂糖 1/2 杯，薄荷果露 15ml，薄荷叶 15 片，碳酸水适量

1. 将 1/2 个青柠切成大小相同的四块放入玻璃杯中。
2. 放入黄砂糖，用搅拌棒搅拌。
3. 把薄荷叶放在手心，就像拍手一样，用手拍打后，放入杯中，加入薄荷果露，轻轻搅拌。
4. 在杯中加满碎小冰块，倒入一些碳酸水后，上下搅拌。
5. 在杯中加满碳酸水后，轻轻搅拌，使用青柠和薄荷叶进行装饰，无酒精墨吉托鸡尾酒制作完成。

迷迭香碳酸饮料

回味绵长，带有迷迭香特有浓香的碳酸饮料。

材料

迷迭香6枝，水500ml，砂糖150g，容量为500ml的密封玻璃瓶

调制迷迭香果露

1. 首先向锅内倒入500ml的水。
2. 待水煮沸后调至中火，将洗干净的迷迭香放入锅中。
3. 用中小火慢慢熬煮15~20分钟。
4. 将咖啡滤杯放置在量杯上方。
5. 将蒸煮的迷迭香进行过滤，沥出汤汁。
6. 放入砂糖，完全溶化后，冷却。
7. 最后将其倒入准备好的消毒密封玻璃瓶中，使用一枝迷迭香进行装饰，迷迭香果露制作完成。

小贴士

－请注意，如果使用强火煮制时间过长，会出现迷迭香特有的苦涩味道。

－准备6枝长度为15cm的迷迭香即可。

－若使用干迷迭香，取少量即可。

配方

材料
迷迭香果露 40ml，碳酸水 160ml（制作方法请参考本书第 16 页，或者使用市售的碳酸水）

装饰
柠檬切片 1 片，迷迭香 1 枝

调制迷迭香碳酸饮料
1. 在杯子中加满冰块。
2. 先加入 160ml 的碳酸水，再加入 40ml 的迷迭香果露。
3. 使用柠檬切片和迷迭香进行装饰，迷迭香碳酸饮料制作完成。

迷迭香汤力水
材料：金酒 30ml，迷迭香果露 15ml，汤力水 150ml
1. 在玻璃杯中加满冰块，加入所有材料后轻轻上下搅拌。
2. 使用柠檬切片和迷迭香叶进行装饰后，迷迭香汤力水制作完成。

 柠檬草碳酸饮料

柠檬草可以促进消化，有利于改善贫血。

令人愉悦的酸味与碳酸水完美搭配，调制出柠檬草碳酸饮料。

材料

柠檬草 2 枝，水 500ml，砂糖 200g，容量为 500ml 的密封玻璃瓶

调制柠檬草露

1. 首先向锅中倒入 500ml 的水。

2. 待水煮沸后调至中火，将切成细丝的柠檬草放入锅中。

3. 用中小火慢慢熬煮 15~20 分钟。

4. 把煮过的材料放入大小适中的容器中。

5. 在煮好的材料中加入砂糖，完全溶化后，冷却。

6. 最后将其倒入准备好的消毒密封玻璃瓶中，加入剩余煮过的柠檬草，柠檬草露制作完成。

小贴士

－ 煮的时候，轻轻压碎材料可以使味道更加浓厚，更加入味。

材料

柠檬草露 40ml，碳酸水 160ml（制作方法请参考本书第 16 页，或者使用市售的碳酸水）

装饰

柠檬草 1/3 枝，柠檬片 1/6 个

调制甘菊茶碳酸饮料

1. 在杯中加满冰块。

2. 先加入 160ml 碳酸水，再加入 40ml 柠檬草露。

3. 将柠檬草和柠檬片放入杯中进行装饰，柠檬草碳酸饮料制作完成。

PART

5

用混合果露
调制碳酸饮料

 苹果 & 桂皮碳酸饮料

苹果和桂皮是制作糕点和面包常常使用的配料，其甜爽感让人回味无穷。桂皮特有的香气与碳酸水完美结合，沁人心脾。

材料

苹果 2 个（大），桂皮 15g，水 500ml，砂糖 200g，容量为 500ml 的密封玻璃瓶

调制苹果 & 桂皮果露

1. 首先向锅中倒入 500ml 的水。

2. 待锅中水煮沸后调至中火，将洗净切好的两个苹果放入锅中。

3. 用中火慢慢熬煮 20~25 分钟。

4. 熬煮 20~25 分钟后，放入砂糖和桂皮，继续熬煮 5 分钟左右。

5. 把咖啡滤杯放置在量杯上方。

6. 将蒸煮的苹果桂皮过滤，沥出汤汁。

7. 最后将其倒入准备好的消毒密封玻璃瓶中，苹果桂皮果露制作完成。

小贴士

- 放砂糖的时候，要用比中火弱的小火熬煮。

- 如果想使苹果的味道更加浓厚，在过滤的
  时候可以用棉布，用力拧紧榨取汁液。

- 把过滤出来的苹果夹在三明治里也是个不
  错的选择，味道极佳。

材料

苹果 & 桂皮果露 40ml，碳酸水 160ml（制作方法请参照本书第 16 页，或者使用市售的碳酸水）

装饰

苹果切片 1 个，桂皮 1 条

调制苹果 & 桂皮碳酸饮料

1. 请在杯子里装满冰块。
2. 先倒入 160ml 碳酸水，再倒入 40ml 果露。
3. 最后用苹果切片和桂皮条进行装饰，苹果桂皮碳酸饮料制作完成。

石榴 & 苹果 & 桂皮果昔

材料: 1/4 个石榴的石榴汁, 1/2 个柠檬的柠檬汁, 牛奶 60ml, 冰块 8 块, 苹果 & 桂皮果露 30ml

1. 把材料放入搅拌器或食品加工器内研磨。
2. 把磨好的材料, 放入杯中。
3. 最后用切好的桂皮、柠檬干、石榴粒进行装饰, 石榴苹果桂皮果昔制作完成。

苹果果露薄煎饼

材料: 苹果切片 6~8 片, 苹果 & 桂皮果露 40ml, 水 100ml, 砂糖 1 大勺, 薄煎饼 3 张

1. 首先在锅中放入苹果切片、砂糖、水后, 用中火开始熬煮, 然后换成小火, 直至苹果呈透明状态时熄火。
2. 然后倒入苹果桂皮果露, 熬煮 3~5 分钟。
3. 最后在薄煎饼上放上第 2 步中加工好的材料, 剩余的部分洒上苹果桂皮果露, 苹果果露薄煎饼制作完成。

生姜 & 柠檬碳酸饮料
生姜的辛辣搭配柠檬的酸甜调制出的果露，与碳酸水实现
完美结合，口感不错哦！
生姜的辣味没有想象中那么浓烈，所以不必有任何担心，
放心饮用吧。

材料

生姜 50g，柠檬切片 8 个，水 450ml，砂糖 150g，容量为 500ml 的密封玻璃瓶

调制生姜 & 柠檬果露

1. 首先向锅中倒入 450ml 的水。
2. 待水煮沸后调至中火，将切成细丝的生姜放入锅中。
3. 用中火慢慢熬煮 15~20 分钟。
4. 熬煮 15~20 分钟后，放入柠檬切片后再熬煮 5 分钟。
5. 把咖啡滤杯放置在量杯上方。
6. 将蒸煮的生姜柠檬过滤，沥出汤汁，放入砂糖，待其溶化后，冷却。
7. 最后将其倒入准备好的玻璃瓶里，生姜柠檬果露制作完成。

小贴士

– 柠檬切片放入后，如果熬煮的时间过长，特殊的苦涩味道会散发出来。
– 如果生姜的味道过于浓烈，那么请放多一些的柠檬汁或者是柠檬切片。
– 用熬煮后剩下的生姜，做生姜蓉也是个不错的选择。

材料

生姜 & 柠檬果露 40ml，碳酸水 160ml（制作方法请参照本书第 16 页，或者使用市售的碳酸水）

装饰

柠檬切片干 1 片，薄荷叶 1 片

调制生姜 & 柠檬碳酸饮料

1. 请在杯子里装满冰块。
2. 先倒入 160ml 碳酸水，再倒入 40ml 果露。
3. 最后用柠檬切片干和薄荷叶进行装饰，生姜柠檬碳酸饮料制作完成。

紫苏叶 & 蓝莓碳酸饮料

紫苏叶清凉的花香和蓝莓的酸甜形成了完美的组合，这就
是能给人以无限乐趣的紫苏叶蓝莓碳酸饮料。

材料

蓝莓 90g，紫苏茶叶包 3 袋，水 450ml，砂糖 150g，容量为 500ml 的密封玻璃瓶

调制紫苏叶 & 蓝莓果露

1. 首先向锅中倒入 450ml 的水。

2. 放入 3 袋紫苏叶茶包，待水煮沸后，将蓝莓放入锅中。

3. 用中火慢慢熬煮 15~20 分钟。

4. 把咖啡滤杯放置在量杯上方。

5. 将蒸煮的茶包和蓝莓过滤，沥出汤汁。

6. 放入砂糖，待其溶化后，冷却。

7. 最后将其倒入准备好的消毒密封玻璃瓶中，紫苏叶蓝莓果露制作完成。

配方

材料

紫苏叶 & 蓝莓果露 40ml，碳酸水 160ml（制作方法请参考本书第 16 页，或者使用市售的碳酸水）

装饰

蓝莓 5~7 粒，柠檬切片或青柠切片 1 片，凤梨鼠尾草叶子 1 片

调制紫苏叶 & 蓝莓碳酸饮料

1. 在杯子里装满冰块。
2. 先倒入 160ml 碳酸水，再倒入 40ml 果露。
3. 最后用柠檬切片或青柠切片和凤梨鼠尾草叶子装饰，紫苏叶蓝莓碳酸饮料制作完成。

水果冰块碳酸饮料

材料: 水果冰块(水果果露30ml, 水90ml, 水果果肉), 紫苏叶&蓝莓果露20ml, 柠檬汁15ml, 适量碳酸水

1. 首先将水果果露、水和水果充分搅拌, 然后倒入制作冰块的冰格中, 冷冻。
2. 把制作好的冰块放入杯子中。
3. 放入紫苏叶蓝莓果露和柠檬汁, 在杯子中添加90%的碳酸水, 水果冰块碳酸饮料制作完成。

小贴士

- 可选用自己喜欢的水果和果露来制作水果冰块。
- 在制作水果冰块的时候, 如果果露和水按照1:1.5的比例制作, 那么就不需再另外加入水果了。
- 如果使用青柠果露代替紫苏叶蓝莓果露, 想法也不错。

紫苏叶&蓝莓果汁冰激凌

材料: 紫苏叶&蓝莓果露50ml, 口味浓厚的紫苏茶150ml, 柠檬汁20ml

1. 首先把所有的材料放入量杯中, 充分搅拌后, 放入制作冰块的冰格中, 冷冻。
2. 把冻好的冰块放入搅拌器或者食品料理机中进行打磨。
3. 用勺子舀起一勺冰激凌, 制成球状, 用蓝莓来装饰, 紫苏叶蓝莓果汁冰激凌制作完成。

荔枝 & 西番莲碳酸饮料
将甜甜的荔枝与清爽的西番莲这一完美组合制作成果
露，与碳酸水结合，清凉感更佳。

材料

荔枝 7 颗，西番莲果 1 个，水 400ml，砂糖 150g，容量为 500ml 的密封玻璃瓶

调制荔枝 & 西番莲果露

1. 首先向锅中倒入 400ml 的水。
2. 待水煮沸后调至中火，将剥皮的荔枝和西番莲果放入锅中。
3. 用小火慢慢熬煮 15~20 分钟。
4. 把咖啡滤杯放置在量杯上方。
5. 将蒸煮的果肉过滤，沥出汁液。
6. 放入砂糖，待其溶化后，冷却。
7. 最后将其倒入准备好的消毒密封玻璃瓶中，荔枝西番莲果露制作完成。

小贴士

– 可以根据自己的喜好调配加入水果的分量，从而调制自己喜欢的味道。
– 也可以同样制作西番莲杜果、荔枝杜果果露。
– 如果想使荔枝西番莲的味道更加浓纯，过滤时使用棉布是个不错的选择，用力拧紧榨汁。

材料

荔枝 & 西番莲果露 40ml，碳酸水 160ml

调制荔枝 & 西番莲果碳酸饮料

1. 在杯子里装满冰块。
2. 先倒入 160ml 碳酸水，再倒入 40ml 果露。
3. 最后用食签插上 1/2 西番莲果作为装饰，荔枝西番莲果碳酸饮料制作完成。

香荚兰碳酸饮料

香味扑鼻的香荚兰果露与碳酸水结合，打造出了芳香缭绕、美味独特的碳酸饮料。

材料

香荚兰豆 2 颗，水 500ml，金砂糖 200g，容量为 500ml 的密封玻璃瓶

调制香荚兰果露

1. 首先向锅中倒入 500ml 的水。

2. 待水煮沸后调至中火，将 200g 金砂糖放入锅中，调至小火。

3. 烧水期间把香荚兰切开，用刀把籽刮干净后放好。

4. 8 分钟后放入香荚兰籽和 2 颗香荚兰豆，再慢慢熬煮 15~20 分钟。

5. 煮好后，冷却。

6. 最后将其倒入准备好的消毒密封玻璃瓶中，香荚兰果露制作完成。

小贴士

– 金砂糖含有特殊的味道，若不喜欢这样的
  味道可以使用白砂糖，效果都是一样的。

– 若想延长保鲜时间，并调配出黏稠的香荚
  兰果露，加入 1:1 的水和砂糖。

– 香荚兰的香味在香荚兰籽中，若想使果露
  味道更加浓郁，可将其过滤后放入瓶中。

材料

香荚兰果露 30ml，碳酸水 160ml（制作方法请参考本书第 16 页，或者使用市售的碳酸水）

装饰

香荚兰豆 1 颗

调制香荚兰碳酸饮料

1. 在杯中加满冰块。

2. 先加入 160ml 的碳酸水，再加入 30ml 的香荚兰果露。

3. 用 1 颗香荚兰豆进行装饰，香荚兰碳酸饮料制作完成。

纯香荚兰拿铁咖啡

材料：意式浓缩咖啡 30ml，香荚兰果露 20ml，牛奶 150ml

1. 在玻璃杯中加满冰块后倒入牛奶。

2. 加入香荚兰果露后，加入意式浓缩咖啡，纯香荚兰拿铁咖啡制作完成。

杏仁碳酸饮料

烘烤过的杏仁的香味与酷爽的碳酸水搭配出的碳酸
饮料的味道非常独特，令人回味悠长。

配方

材料

烤杏仁 130g，水 600ml，砂糖 150g，容量为 500ml 的密封玻璃瓶

调制杏仁果露

1. 把杏仁细细磨碎。

2. 向锅中倒入水，烧开后调节至中火，加入磨碎的杏仁。

3. 用中小火慢慢熬煮 15 分钟，放入砂糖，搅拌均匀。

4. 再用中小火熬煮 10~15 分钟。

5. 将咖啡滤杯放置在量杯上方。

6. 为了将蒸煮后的杏仁渣过滤干净，需重复过滤 2~3 次。

7. 最后将其倒入准备好的消毒密封玻璃瓶中，杏仁果露制作完成。

小贴士

- 将杏仁放在水中泡 30 分钟到 1 个小时，去除杏仁的油质。
- 若没有烤杏仁，在 200 度的温度下烘烤 10 分钟，杏仁就烤好了。

配方

材料
杏仁果露 40ml，碳酸水 160ml（制作方法请参考本书第 16 页，或者使用市售的碳酸水）

装饰
干柠檬片 1 片，整杏仁 3 个，薄荷叶 1 片

调制杏仁碳酸饮料
1. 在杯子中加满冰块。
2. 先放入 160ml 碳酸水，再放入 40ml 杏仁果露。
3. 用干柠檬切片、杏仁颗粒、薄荷叶进行装饰，杏仁碳酸饮料制作完成。

安摩拉多杏仁酒
材料：安摩拉多酒 20ml，杏仁果露 15ml，柠檬汁 15ml，碳酸水 60ml
1. 除了碳酸水以外，把所有材料都放入搅拌器中搅拌。
2. 在杯中加满冰块。
3. 将搅拌器中液体倒入杯中之后加入碳酸水，然后用杏仁和柠檬切片进行装饰，安摩拉多杏仁酒制作完成。